Military Coloring & Marking Collection

JS Stalin Heavy Tank

ミリタリー カラーリング & マーキング コレクション
JSスターリン重戦車

Photo : Przemyslaw Skulski

■作画：グルツェゴルツ・ヤコウスキ
■解説：プシェミスワフ・スクルスキ
■Illustrated by Grzegorz Jackowski
■Research & description by Przemyslaw Skulski

[JS重戦車／JSU重自走砲の開発と生産]

第二次大戦時、ソ連は多くの優れた装甲車両を開発している。それらの中でも特に有名な車両といえば、T-34 中戦車、そしてソ連国家最高指導者ヨシフ・スターリン（Josif Stalin）の名を冠した JS 重戦車（スターリン重戦車、あるいはロシア語表記のヨシフ＝losif を採り、IS 重戦車とも表記される）であろう。第二次大戦においてソ連軍は 85mm 砲を搭載した JS-1 と 122mm 砲搭載の JS-2 の 2 種類の JS 重戦車を実戦に投入。さらに JS 重戦車の車体を流用した重自走砲の ISU-152 と ISU-122 も開発する。第二次大戦中、JS 重戦車及び JSU 重自走砲はソ連軍のみならず、ポーランド軍とチェコスロバキア軍にも配備され、また、敵国のドイツ軍やフィンランド軍も少数の鹵獲車両を自軍部隊において使用した。戦後も東ドイツ、中国、北朝鮮、ハンガリー、エジプト、キューバなどで運用されている。

■解説：プシェミスワフ・スクルスキ ■Described by Przemyslaw Skulski

◉JS重戦車の開発

1942年3月、チェリャビンスクの実験的戦車工場（後の第100工場）の第2特別設計局（SKB-2）では、新型戦車オブイェークト233（"オブイェークト"は試作車両名称）の開発が始まる。後にKV-13の軍制式名称が与えられるこの新型戦車の計画は、国防委員会（GKO）の要請によるものだった。生産工程を単純化するために砲塔は鋳造で、車体は鋳造と鍛造の併用とされ、主砲には76.2mm戦車砲ZiS-5を採用し、副武装として7.62mm DT機関銃を2挺装備することとされた。開発は急ピッチに進められ、1942年7月には、最初の試作車両が完成し、工場敷地内でテストが実施される。しかし、試作車両によるテストの結果、新しく採り入れた構造に多くの欠点や技術的な問題を抱えていることが判明した。

その結果を踏まえ、1942年12月、第100工場は、十分な時間をかけて新たに試作車両2両の製作を開始する。そして1943年初頭にKV-13の第2次試作車両オブイェークト234が2両完成した。これら試作車両は、設計にいくつかの改良が加えられており、主砲を122mm榴弾砲U-11とし、さらに乗員数も4名に増やされていた。また同時期に名称もKV-13からJSに変更され、76.2mm戦車砲ZiS-5を装備した最初の第1次試作車両オブイェークト233はJS No.1に、122mm榴弾砲U-11を装備した第2次試作車両オブイェークト234はJS No.2と呼ばれることになった。

1943年4月にドイツ軍のティーガーI重戦車の装甲防御性能に関する詳細な情報を受け取ったソ連軍は、新型戦車には大口径の主砲が必要であることを痛感する。1943年5月8日に戦車工業人民委員部は第201号通達を発し、チェリャビンスクの第100工場とキーロフ工場（ChKZ）に対し85mm戦車砲を搭載したJS重戦車の試作車両3両と同じく85mm戦車砲搭載のKV-1の試作車両2両の開発を要請した。

第100工場では、既に設計段階で1535mm径のターレットリングでは、新型の85mm砲を搭載するのは不可能であることが分かっていたため、戦闘室区画を拡大、それにより車体長は420mm長くなった。また、ターレットリングの直径も1800mmに広げ、さらに車体延長に伴い転輪も片側1個ずつ増設した。こうした設計変更により、当然、重量は増加することとなった。1943年7月にJS第3次試作車両オブイェークト237（JS No.3）の試作車両2両が完成する。オブイェークト237試作1号車には、85mm戦車砲S-31、試作2号車には85mm戦車砲D-5Tが搭載されていた。

一方、キーロフ工場では、KV-1Sに85mm戦車砲を搭載した2両の試作車両が造られた。オブイェークト238と名付けられた試作1号車は、KV-1Sの砲塔に85mm戦車砲S-31を搭載し、試作2号車のオブイェークト239は、85mm戦車砲D-5T搭載のオブイェークト237砲塔を載せていた。

◉KV-85、JS-85（JS-1）として制式採用

1943年8月8日、モスクワのクレムリン通りにおいて85mm戦車砲を搭載したJS試作車両とKV試作車両がヨシフ・スターリンを筆頭とする共産党指導者たちに披露された。1943年8月末にすべてのテストを終え、戦車工業人民委員部はD-5Tを搭載した車両の採用を決定した。そして、D-5Tを搭載したオブイェークト237はJS-85、D-5T搭載のオブイェークト239はKV-85として制式採用された。

KV-1Sの車体を流用したKV-85は、生産開始にさほど時間を要さず、1943年10月に量産に入り、3カ月間で148両が造られた。一方、JS-85の生産開始は、同年11月からとなり、翌1944年1月までにチェリャビンスクのキーロフ工場において107両が造られる。また、JS-85は、JS-2完成後に"JS-1"に改称された。

◉JS-2の開発

JS重戦車の火力強化は、既に1943年の秋に始まっていた。それ以前の1943年夏に戦況報告を参考に新型の122mm重対戦車砲D-2の試作砲を開発していたスヴェルドロフスクの第9工場は、JS重戦車に搭載できるように砲身長を245mm短縮し、マズルブレーキを装着するなどの改良を加えたD-25Tを完成させた。JS重戦車へのD-25T搭載作業は、1943年9月25日に完了し、翌10月にはD-25Tを搭載した試作車両オブイェークト240がテストのためにゴロコヴィエッツ砲兵訓練場に送られた。同試作車両は、10月23日にテストを終え、その数日後にはJS-122として制式に採用される。制式採用に際していくつかの変更が指示され、T型マズルブレーキを"ジャーマン・タイプ"と呼ばれたドイツ戦車のものと似た複孔式に、また、次弾発射を早くするために閉鎖機を隔螺式から鎖栓式に変更した。さらに砲弾携行数を28発に増やしている。

◉JS-2の生産と特徴

JS-122は、"JS-2"に改称され、1943年12月から生産が始まった。JS-2は、生産中に幾度もの改良が実施されており、生産時期に見られる特徴によって以下のように分類できる。

○1943年型

車体はJS-1と同じで、砲塔の122mm戦車砲D-25Tには"ジャーマン・タイプ"と呼ばれるマズルブレーキを装着している。1943年12月～1944年4月に148両生産。

○1943/44年型

砲兵中央設計局（TsAKB）が設計した新型のマズルブレーキに変更した。

○1944年型

D-25Tは、半自動閉鎖機を備えた改良型に変更、防盾の幅を拡大、砲塔上面前部のペリスコープをPT4-15からMK-4に変更した。

なお、1943年型～1944年型までは、車

体前部が“ブロークン・ノーズ”と呼ばれる形状で、前面中央に操縦手用の開閉式装甲バイザーを備えている。

○1944/45年型

1944年4月から第200工場において製造が始まった新型車体を使用（最終組み立てはキーロフ工場）。車体前部の形状が“ストリームラインド・ノーズ”と呼ばれる直線的な傾斜装甲（装甲厚は120mm、傾斜角60°）となる。また、ほぼすべての車両が車体前面に予備履帯を装着し、さらに一部の車両は車体後面に主砲固定用のトラベリング・クランプを設置していた。また、1944年秋頃から砲塔上面の車長用キューポラに対空機銃として12.7mm DShK重機関銃を装備した車両も見られるようになる。

1944/45年型の車体は、第200工場のみならず、後にウラル重機械工場（UZTM）でも生産されるようになる。製造工場によって形状に相違が見られ、第200工場製の車体は前端部が鋳造で丸みを帯びていたが、ウラル重機械工場製の車体は前端部が溶接接合だったため、角張っている。

○1945年型

1945年初頭から生産が始まったJS-2最後期生産型。1944/45年型と非常に似ているが、車長用キューポラが新型となり、ほとんどの車両がキューポラに12.7mm DShK重機関銃を装備している。また、砲塔後面の機銃マウントの張り出し部分に複数の筋状リブが設けられるようになった。

JS-2は、1943年12月～1945年6月までに3385両が造られた。それらのほぼすべては、チェリャビンスク・キーロフ工場で量産されたが、1945年5～6月にレニングラード・キーロフ工場でも10両のみ造られている。

戦後の1950年代半ばにJS-2（大半は1944/45年型と1945年型）は、アップグレードが施される。アップグレード型はJS-2Mと呼ばれ、車体側面に雑具箱を増設し、サイドスカートを追加、車体後面には外部燃料タンクを装備していた。ソ連の訓練部隊では1980年代初頭まで使われている。

◉JSU-152重自走砲の開発

新しいJS重戦車の採用に伴い、同じ車体をベースとした重自走砲の開発計画が急遽持ち上がった。国防委員会からの1943年9月4日付け第4043号通達に従い、チェリャビンスクの第100工場において152mm砲を搭載する重自走砲の開発が始まる。1943年10月に試作車両オブイェークト241が早くも完成し、同月には各種テストも行われた。翌11月6日にJSU-152の制式名称が与えられ、1943年12月からチェリャビンスクのキーロフ工場で量産が開始された。

JSU-152は、KV-1SベースのSU-152重自走砲と同じ152mm加農榴弾砲ML-20S（最大射程約6200m）を搭載し、戦闘室内に弾頭/装薬分離式の徹甲弾及び高性能榴弾を21発携行している。JSU-152の初期生産車は、JS-1の車体をベースとしていたが、後期になると以下のような改良が加えられていった。

○ベースとなる車体をJS-2に変更。

○防盾の装甲を厚くする。

○戦闘室上面前部の右側ハッチに対空機銃として12.7mm DShK重機関銃を装備。

○無線機を10Rから改良型の10RKに変更。

○燃料搭載量を増加（燃料タンク4個）。

○車体前面に防御性向上も兼ね予備履帯（6枚）を装着。

また、初期生産車も整備や修理の際にこのような改良が加えられた車両が多く、そのため記録写真のJSU-152が初期型か後期型かを正確に識別するのが困難な場合もある（JSU-122も同様）。JSU-152は、第二次大戦中の1943年12月～1945年5月までに1850両が造られ、さらに戦後も1947年まで量産が続き、総計2790両造られた。

第二次大戦中、ソ連ではJSU-152の火力向上を計画し、実際にいくつかの試作車両が造られている。1944年4月に第100工場でオブイェークト246の試作車両名を持つJSU-152BM（“BM”はBolshy Moshtnosti＝高火力を意味する。資料によってはJSU-152BM-1あるいはJSU-152-1との表記も見られる）が造られた。JSU-152BMは、ドイツ軍の重戦車、中でも特に重装甲のフェルディナント/エレファントやヤークトティーガーを撃破できることを開発の主目的とし、長砲身の152mm砲BL-8を搭載していた。しかし、1944年7月に行われたテストでは、操砲の難しさ、さらにマズルブレーキや閉鎖機の機能不良、砲弾の性能不足などの欠点が露呈した。そのため翌8月には主砲を改良型のBL-10に変更したJSU-152-2（オブイェークト247）が試作される。BL-10は、改良型のマズルブレーキを備え、閉鎖機は半自動式だった。JSU-152-2はテストの後、さらに改良を加え、開発を進めていくことが決定したが、完成することなく終戦となった。

戦後もJSU-152の改良型の開発は行われており、1956年にはJSU-152K（オブイェークト241K）が造られている。JSU-152Kは、エンジンをT-54戦車用のV-54Kに換装し、車内主燃料タンクを920ℓに増大（整地での航続距離が500kmに向上）した。また、戦闘室内の車内増加燃料タンクを撤去し、砲弾携行数を30発に増加。戦闘室上面前部の右側ハッチをキューポラに変更、照準装置も新型に更新、防盾を改良（上部に増加装甲板を溶接留め、砲身基部と照準孔に装甲リングを増設）し、さらに足回りにはT-10重戦車のパーツを流用していた。JSU-152Kはレニングラードのキーロフ工場で造られた。

JSU-152の最終型となったのは、1959年に完成したJSU-152M（オブイェークト241M）である。JSU-152Mへの改良は、JS-2からJS-2Mへの改良と同様だが、さらに夜間暗視照準装置や改良型DShKM重機関銃などの新装備も採り入れられている。JSU-152Mの製造は、チェリャビンスクのキーロフ工場で行われた。1962年11月には、JSU-152をベースとし、主砲を撤去、車体各部に作業用機材を増設したBTT重牽引車（BTT-1とBTT-2の2車種）も造られている。

◉JSU-122、JSU-122S重自走砲の開発

JSU-152の量産準備を進めていた頃、152mm加農榴弾砲ML-20Sの生産に問題が生じていたため第9工場の技術者たちは別の解決方法を講じることになった。その結果、1943年12月に新たな重自走砲の試作車両オブイェークト242が造られる。同車両は、JSU-152の車体をそのまま用い、主砲のみ122mm砲A-19Sに変更していた。A-19SはML-20Sと同じ砲架52-L-504Aを使用していたため、主砲の変更作業は比較的容易だった。

しかし、砲身の生産に関する問題や国防委員会の組織上の混乱などにより採用がかなり遅れ、1944年3月12日にようやくJSU-122としてソ連軍に制式採用され、1944年4月からチェリャビンスクのキーロフ工場において量産が開始された。

JSU-122の主砲として搭載されていたA-19Sは、手動の隔螺式閉鎖機だったため発射速度が1.5発/分と遅いことが問題となった。そこで、ソ連の技術者たちは半自動の閉鎖機に改良した122mm砲D-25Sを開発する。1944年4月にD-25Sを搭載した試作車両オブイェークト249が造られた。車体はJSU-122と同じだが、防盾が球形となり、砲身にはマズルブレーキを装着していた。発射速度は2～3発/分に向上し、さらに熟練した装填手2名が行えば、4発/分も可能だった。

オブイェークト249は、JSU-122Sとして制式採用され、直ちに量産が始まった。JSU-122とJSU-122Sは、1945年末（1945年9月と記された資料も見られる）まで生産されるが、A-19Sの生産ストックが多かったため生産数は、JSU-122の方が圧倒的に多く、JSU-122が1735両造られたのに対し、JSU-122Sは701両造られたのみだった。

また、1944～1945年には、JSU-122をベースとした火力強化型として、まず最初に長砲身の122mm砲BL-9を搭載したJSU-122-1（オブイェークト243）が、次に122mm砲S-26-1を搭載したJSU-122-3（オブイェークト251）、さらに130mm砲S-26を搭載したJSU-130も試作されている。

戦後、JSU-122及びJSU-122Sは、1958年に少数の車両が照準装置と無線機をアップグレードするなどの近代化改修が施されたが、大半の車両は、牽引車（JSU-T）やロケット搭載車両、超大口径砲搭載自走砲などに改造された。

CONTENTS

JSスターリン重戦車

JS重戦車／JSU重自走砲の塗装とマーキング

■作画：グルツェゴルツ・ヤコウスキ
■解説：プシェミスワフ・スクルスキ
■ Illustrated by Grzegorz Jackowski
■ Research & description by Przemyslaw Skulski

JS-1 重戦車　JS-1 Heavy Tanks

JS-1
第 11 親衛戦車軍団第 1 独立親衛重戦車連隊
1944年2～3月　ウクライナ

JS-1
1st Independent Guards Heavy Tank Regiment, 11th Guards Tank Corps
February-March 1944 Ukraine

車体には、ソ連軍車両の基本色 4BO オリーブグリーンの上に白色を上塗りした冬季迷彩が施されている。写真ではマーキング類は確認できない。

JS-1
第 11 親衛戦車軍団第 1 独立親衛重戦車連隊
1944年4～5月　ウクライナ

JS-1
1st Independent Guards Heavy Tank Regiment, 11th Guards Tank Corps
April-May 1944 Ukraine

車体は、標準的な基本色 4BO オリーブグリーンの単色塗装。砲塔側面にはステンシル・タイプの戦術ナンバー“119”が白色で描かれている。この車両は、砲塔上面のペリスコープが新型の MK-4 になっている。

JS-1
第 13 独立親衛重戦車連隊
1944年夏

JS-1
13th Independent Guards Heavy Tank Regiment Summer of 1944

車体は、標準的な基本色 4BO オリーブグリーンの単色塗装。砲塔側面には白色で“D-33”の戦術コードが描かれているが、最初のキリル文字Dをかなり小さく記入しているのが特徴。フェンダー上には丸めた布シートを載せている。

JS-1
所属部隊不明 第 3 白ロシア戦線
1944年晩夏

JS-1
Unit unknown, 3rd Belorussian Front Late summer of 1944

第 3 白ロシア戦線（第3白ロシア方面軍）の第 63 歩兵師団を支援する重戦車連隊（部隊不明）の所属車両。標準的な基本色 4BO オリーブグリーンの単色塗装で、砲塔側面前部に白色の戦術コード“B-26”を描いている。フェンダーの前部には丸めた布シートを載せている。

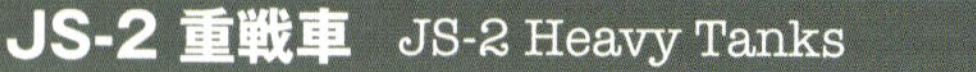

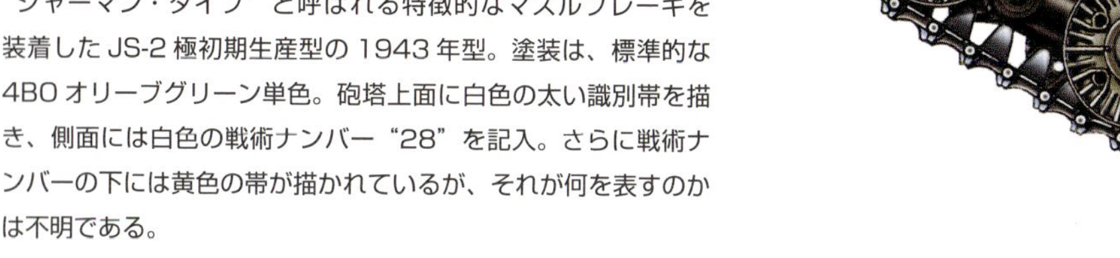

JS-2 1943年型

所属部隊不明

1944年6月　白ロシア（ベラルーシ）/バグラチオン作戦

JS-2 Model 1943

Unit unknown June 1944 Belorussia/ Operation Bagration

“ジャーマン・タイプ”と呼ばれる特徴的なマズルブレーキを装着したJS-2極初期生産型の1943年型。塗装は、標準的な4BOオリーブグリーン単色。砲塔上面に白色の太い識別帯を描き、側面には白色の戦術ナンバー“28”を記入。さらに戦術ナンバーの下には黄色の帯が描かれているが、それが何を表すのかは不明である。

JS-2 1943/44年型

所属部隊不明

1944年3月　ウクライナ

JS-2 Model 1943/44

Unit unknown March 1944 Ukraine

車体は、基本色4BOオリーブグリーンの上に迷彩色の7Kライトブラウン/サンドを塗布した2色迷彩が施されている。砲塔側面には白色の戦術ナンバー“211”が大きく描かれているが、目立たないようにするためか数字の中をブラウン系の色（おそらく迷彩色の7K）で塗っているように見える。

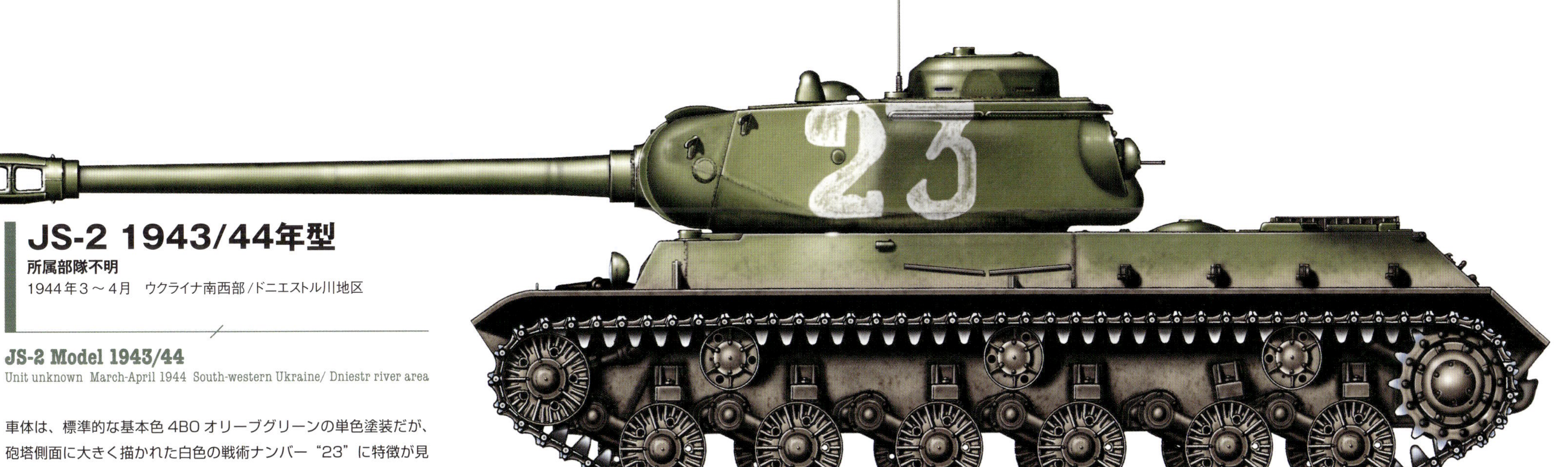

JS-2 1943/44年型

所属部隊不明
1944年3～4月　ウクライナ南西部/ドニエストル川地区

JS-2 Model 1943/44
Unit unknown March-April 1944 South-western Ukraine/ Dniestr river area

車体は、標準的な基本色 4BO オリーブグリーンの単色塗装だが、砲塔側面に大きく描かれた白色の戦術ナンバー“23”に特徴が見られる。

JS-2 1943/44年型

所属部隊不明
1944年4月　ウクライナ

JS-2 Model 1943/44
Unit unknown April 1944 Ukraine

塗装は、標準的な基本色 4BO オリーブグリーンの単色。砲塔側面には白色で大きく“208”の戦術ナンバーが描かれているが、各ナンバーの間隔が広くなっているところに表記上の特徴が見られる。フェンダー上に牽引ケーブルを携行している。

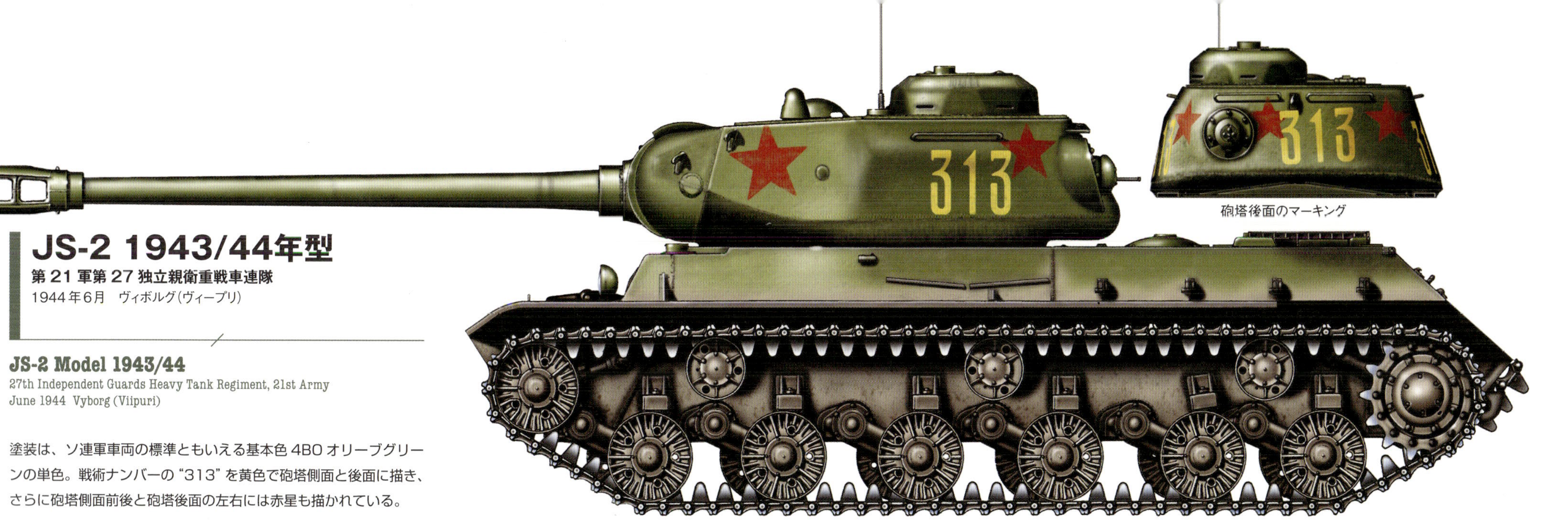

砲塔後面のマーキング

JS-2 1943/44年型

第 21 軍第 27 独立親衛重戦車連隊
1944年6月　ヴィボルグ(ヴィープリ)

JS-2 Model 1943/44
27th Independent Guards Heavy Tank Regiment, 21st Army
June 1944　Vyborg (Viipuri)

塗装は、ソ連軍車両の標準ともいえる基本色 4BO オリーブグリーンの単色。戦術ナンバーの“313”を黄色で砲塔側面と後面に描き、さらに砲塔側面前後と砲塔後面の左右には赤星も描かれている。

JS-2 1943/44年型

第 4 親衛機甲軍第 72 独立親衛重戦車連隊
1944年7月　リヴォフ地区

JS-2 Model 1943/44
72nd Independent Guards Heavy Tank Regiment, 4th Guards Armored Army
July 1944　Lvov area

基本色 4BO オリーブグリーンの上に迷彩色の 6K ダークブラウンと 7K ライトブラウン / サンドを帯状に塗った 3 色迷彩。砲塔側面には白色の戦術ナンバー“222”が雑な書体で描かれている。フェンダー上には牽引ケーブルを携行している。

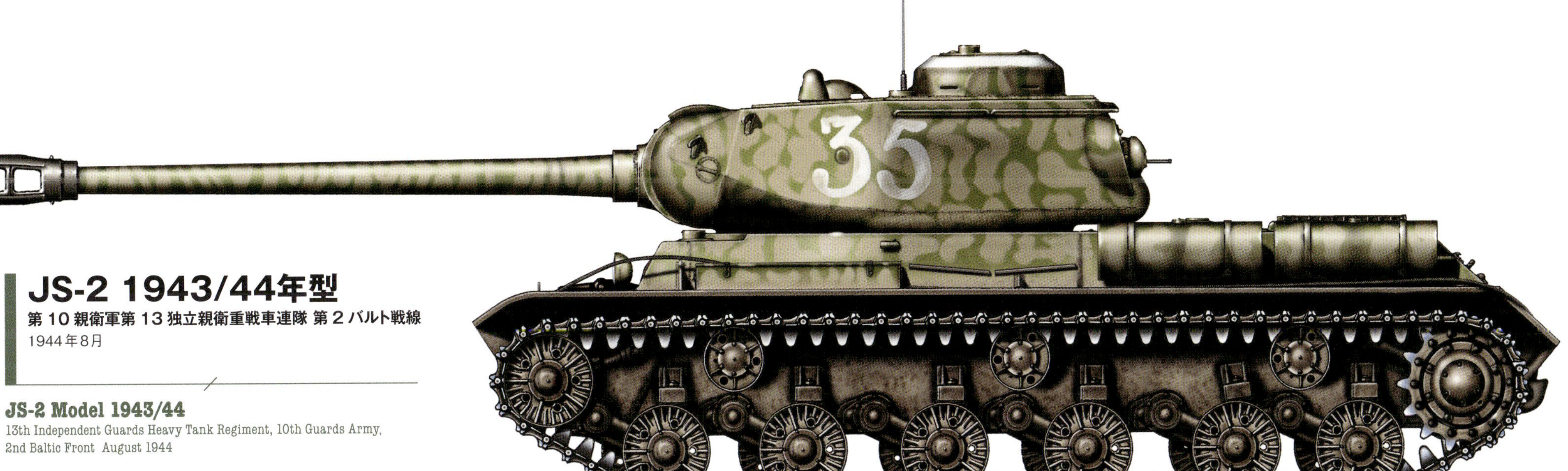

JS-2 1943/44年型

第 10 親衛軍第 13 独立親衛重戦車連隊 第 2 バルト戦線

1944年8月

JS-2 Model 1943/44

13th Independent Guards Heavy Tank Regiment, 10th Guards Army, 2nd Baltic Front August 1944

基本色 4BO オリーブグリーンの上に迷彩色の 7K ライトブラウン / サンドを斑状に塗布した 2 色迷彩が施されている。砲塔の側面と後面に大きく白色の戦術ナンバー"35"を記入。フェンダー上に牽引ケーブルを携行している。

JS-2 1943/44年型

第 71 独立親衛重戦車連隊

1944年8月

JS-2 Model 1943/44

71st Independent Guards Heavy Tank Regiment August 1944

ソ連軍戦車部隊の英雄、ヴァシリー・A. ウダロフ中尉の搭乗車両。同中尉は、1944 年 8 月 13 日、ポーランド南部のオグレドウ近郊での戦闘において 3 両のティーガー II を撃破している。車体は、基本色 4BO オリーブグリーンの上に迷彩色の 7K ライトブラウン / サンドを塗布した 2 色迷彩のようにも見えるが、基本色の上に応急的に泥を塗りたくり迷彩としている可能性もある。砲塔側面には白色の戦術ナンバー "98" を記入。左側フェンダー上には丸めた布シートと牽引ケーブルを載せている。

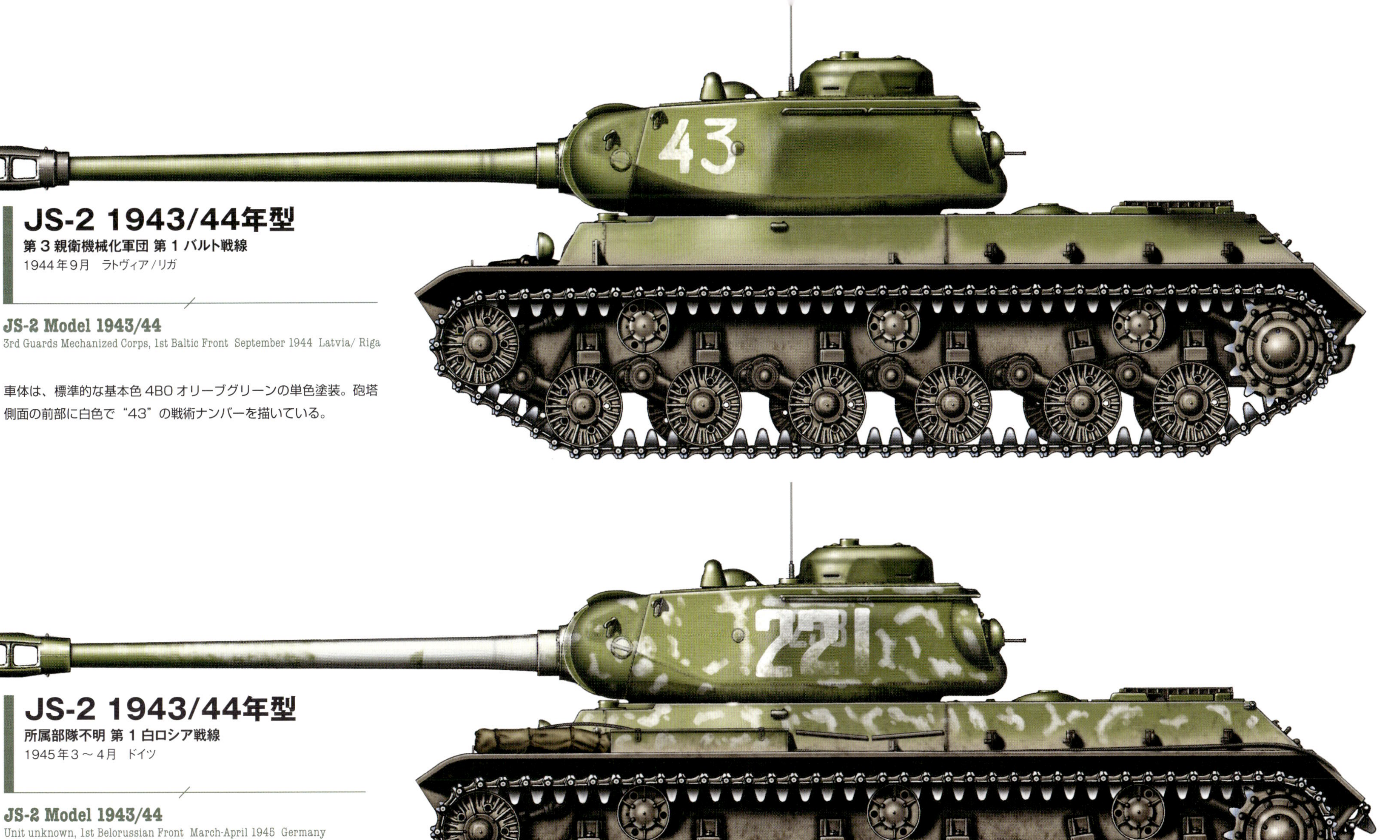

JS-2 1943/44年型

第 3 親衛機械化軍団 第 1 バルト戦線

1944年9月　ラトヴィア/リガ

JS-2 Model 1943/44

3rd Guards Mechanized Corps, 1st Baltic Front　September 1944　Latvia/ Riga

車体は、標準的な基本色 4BO オリーブグリーンの単色塗装。砲塔側面の前部に白色で“43”の戦術ナンバーを描いている。

JS-2 1943/44年型

所属部隊不明 第 1 白ロシア戦線

1945年3～4月　ドイツ

JS-2 Model 1943/44

Unit unknown, 1st Belorussian Front　March-April 1945　Germany

車体は、4BO オリーブグリーンの基本色の上に白色塗料を斑状に塗布した冬季迷彩が施されている。砲塔側面には白色の戦術ナンバー“221”が描かれているが、小サイズの旧ナンバー（おそらく 238 か 233）を消さずに上書きしている。フェンダー上に丸めた布シートと牽引ケーブルを携行している。

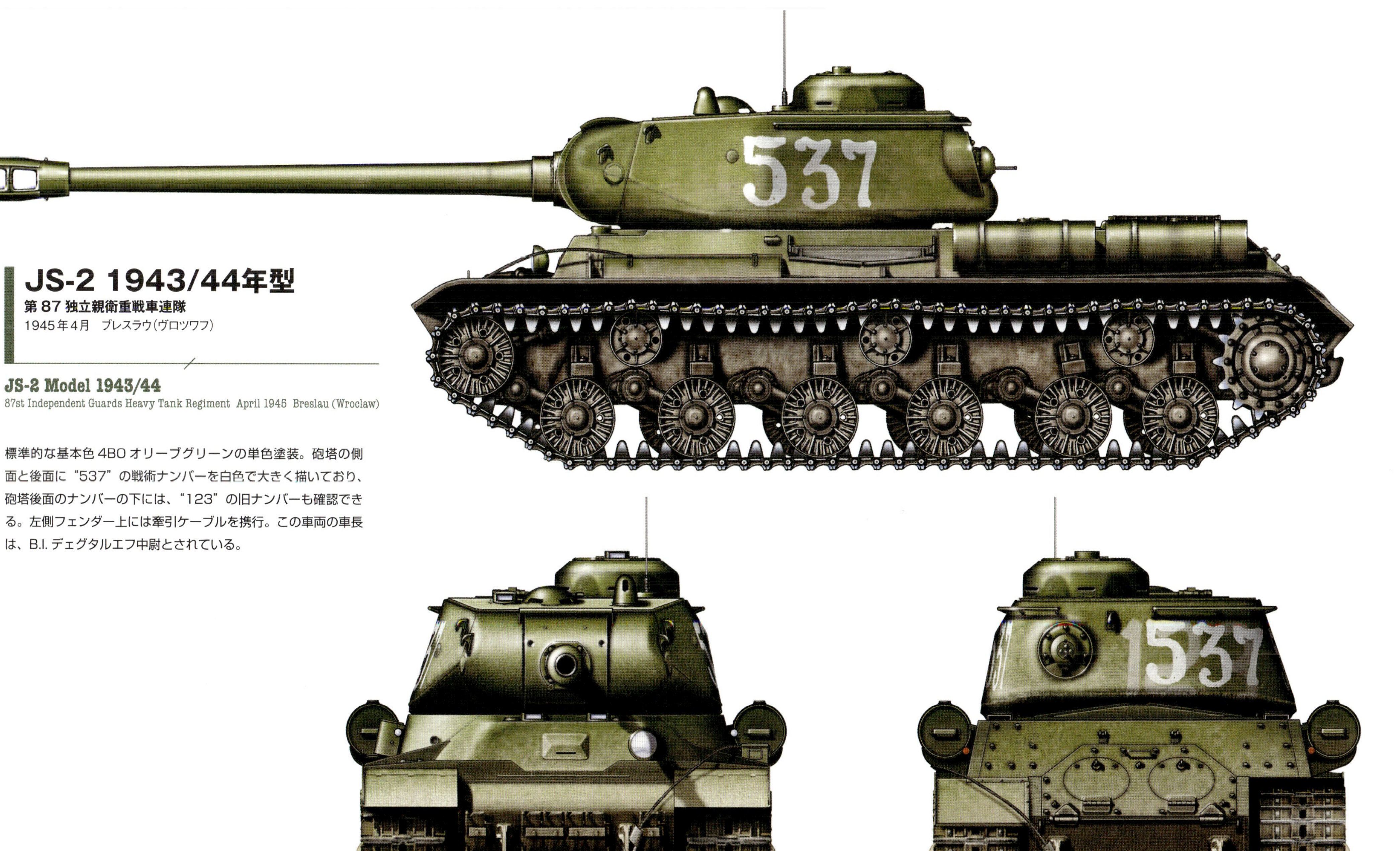

JS-2 1943/44年型

第87独立親衛重戦車連隊

1945年4月　ブレスラウ(ヴロツワフ)

JS-2 Model 1943/44

87st Independent Guards Heavy Tank Regiment　April 1945　Breslau (Wroclaw)

標準的な基本色4BOオリーブグリーンの単色塗装。砲塔の側面と後面に"537"の戦術ナンバーを白色で大きく描いており、砲塔後面のナンバーの下には、"123"の旧ナンバーも確認できる。左側フェンダー上には牽引ケーブルを携行。この車両の車長は、B.I.デェグタルエフ中尉とされている。

JS-2 1943/44年型

ポーランド軍 第４独立重戦車 / 機甲砲兵連隊

1954年7月　ルブリン

JS-2 Model 1943/44

Polish 4th Independent Heavy Tank and Armored Artillery Regiment

July 1954 Lublin

戦後の1954年７月、ポーランドのルブリンで行われた軍事パレードに参加したポーランド軍車両。おそらく第４独立重戦車／機甲砲兵連隊所属の車両と思われる。塗装は、戦後のポーランド軍基本色であるポーリッシュ・カーキ（4BO オリーブグリーンよりも若干グリーンが強い色調）の単色。砲塔側面にはポーランド軍国籍標識のポーランド国章“白い鷲”と戦術ナンバー“051”を描き、さらに砲身には第二次大戦時のこの車両の撃破記録を示す６個の“X”が記されている。左側フェンダー上には牽引ケーブルを携行、砲塔前面右側に設置されたライトの横には警笛を追加している。

JS-2 1944年型

所属部隊不明 第３白ロシア戦線

1944年晩夏

JS-2 Model 1944

Unit unknown, 3rd Belorussian Front Late summer of 1944

第３白ロシア戦線の第63歩兵師団を支援していた部隊の車両。車体は、標準的な基本色4BOオリーブグリーンの単色塗装。砲塔側面には白色で"B-18"の戦術ナンバーが描かれている。フェンダー上には丸めた布シートや牽引ケーブルを載せている。

JS-2 1944年型

所属部隊不明

1944年晩夏

JS-2 Model 1944

Unit unknown Late summer of 1944

車体は、4BOオリーブグリーンの基本色の上に迷彩色の6Kダークブラウンを帯状に塗布した２色迷彩が施されている。砲塔の側面と後面に戦術ナンバーの"43"を白色で描いている。

砲塔後面の戦術ナンバー

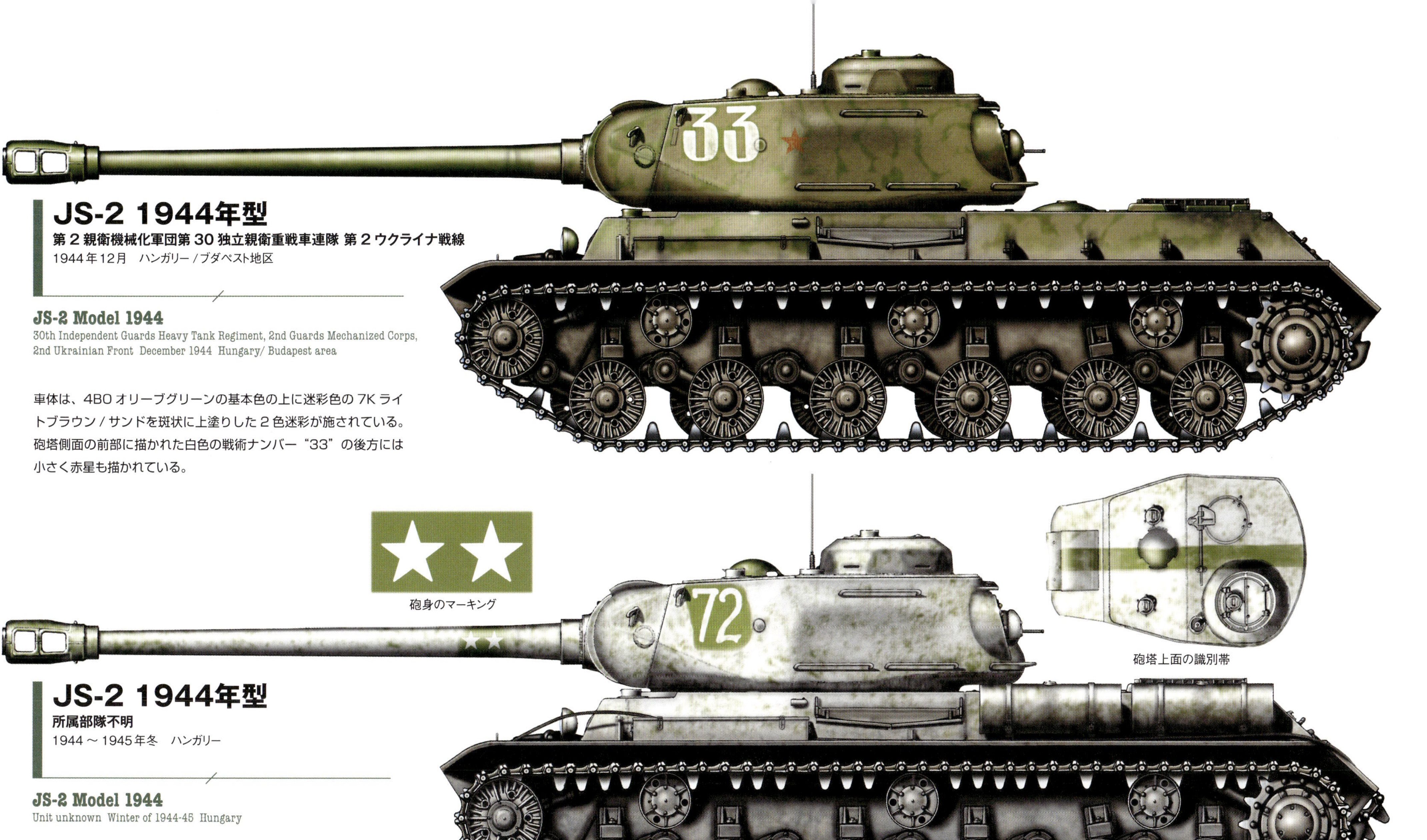

JS-2 1944年型

第２親衛機械化軍団第 30 独立親衛重戦車連隊 第２ウクライナ戦線

1944年12月　ハンガリー / ブダペスト地区

JS-2 Model 1944

30th Independent Guards Heavy Tank Regiment, 2nd Guards Mechanized Corps, 2nd Ukrainian Front December 1944 Hungary/ Budapest area

車体は、4BO オリーブグリーンの基本色の上に迷彩色の 7K ライトブラウン / サンドを斑状に上塗りした２色迷彩が施されている。砲塔側面の前部に描かれた白色の戦術ナンバー“33”の後方には小さく赤星も描かれている。

JS-2 1944年型

所属部隊不明

1944 ～ 1945年冬　ハンガリー

JS-2 Model 1944

Unit unknown Winter of 1944-45 Hungary

4BO オリーブグリーンの基本色の上に白色塗料を塗布した冬季迷彩が施されている。白色で描かれた砲塔側面の戦術ナンバー“72”と砲身の２個の白星（おそらく撃破マークと思われる）の周囲は視認できるように下地のオリーブグリーンを塗り残している。また、砲塔上面も帯状に下地色を塗り残し、識別帯としている。

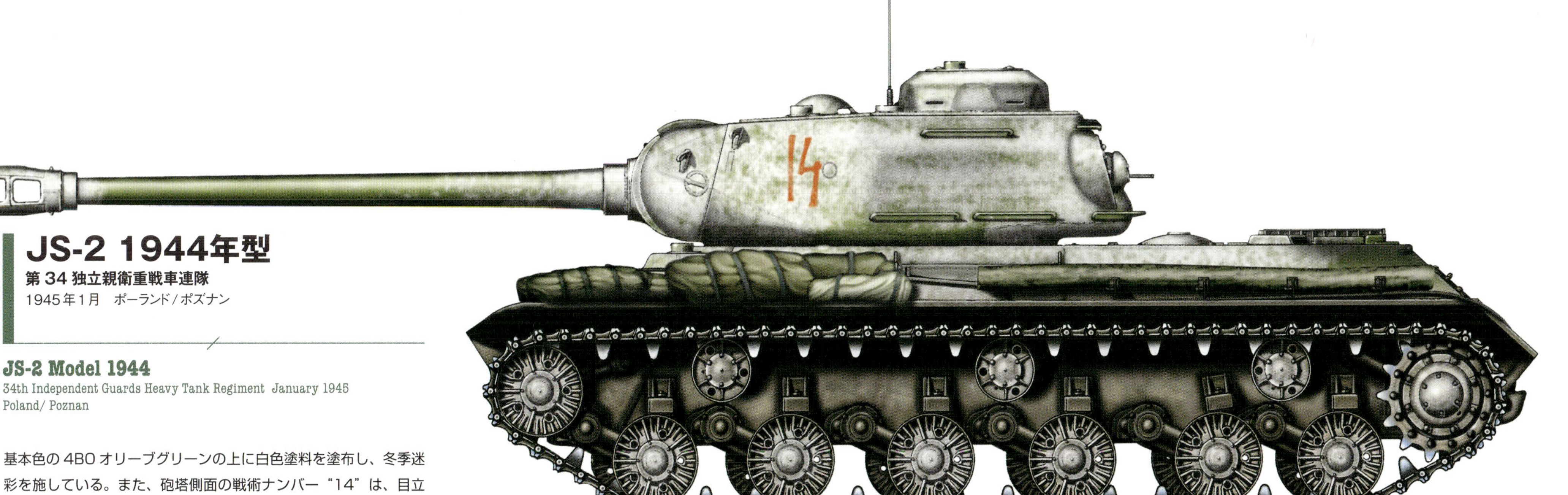

JS-2 1944年型

第 34 独立親衛重戦車連隊
1945年1月　ポーランド/ポズナン

JS-2 Model 1944
34th Independent Guards Heavy Tank Regiment January 1945
Poland/ Poznan

基本色の 4BO オリーブグリーンの上に白色塗料を塗布し、冬季迷彩を施している。また、砲塔側面の戦術ナンバー“14”は、目立つように赤色で記入。フェンダー上には丸めた布シートや牽引ケーブル、軟弱地脱出用の丸太を載せている。

JS-2 1944年型

所属部隊不明
1945年4～5月　ドイツ

JS-2 Model 1944
Unit unknown April-May 1945 Germany

車体は、基本色 4BO オリーブグリーンの上に迷彩色 6K ダークブラウンで帯状の迷彩を施した 2 色迷彩。砲塔側面には白色で“587”戦術ナンバーを描いているが、その下には小さく描かれた旧戦術コードの“K206”も確認できる。

JS-2 1944/45年型

第 82 独立親衛重戦車連隊 “ソビエト・ラトヴィア” 第 3 バルト戦線
1944年10月　バルト諸国

JS-2 Model 1944/45
82nd Independent Guards Heavy Tank Regiment “Soviet Latvia”,
3rd Baltic Front　October 1944　Baltic countries

車体前面を傾斜装甲に改めた 1944/45 年型。車体は、基本色の 4BO オリーブグリーンの単色塗装で、砲塔側面に戦術ナンバーの “10” を白色で描き込んでいる。

JS-2 1944/45年型

キーロフ工場内
1944年　ソ連 / チェリャビンスク

JS-2 Model 1944/45
Kirov's Plant　1944　Russia/ Chelyabinsk

JS-2の珍しい塗装例の一つ。車体は基本色 4BO オリーブグリーンの単色塗装だが、砲塔は基本色の上に 7K ライトブラウン / サンドを塗布した２色迷彩となっている。まだ部隊配備前の状態で、砲塔側面には この車両がソ連の有名な俳優、V. N. ヤコントフの献金によって造られたことを表した、“Vladimir Mayakovsky” の白い文字を描いた赤い板が取り付けられている。

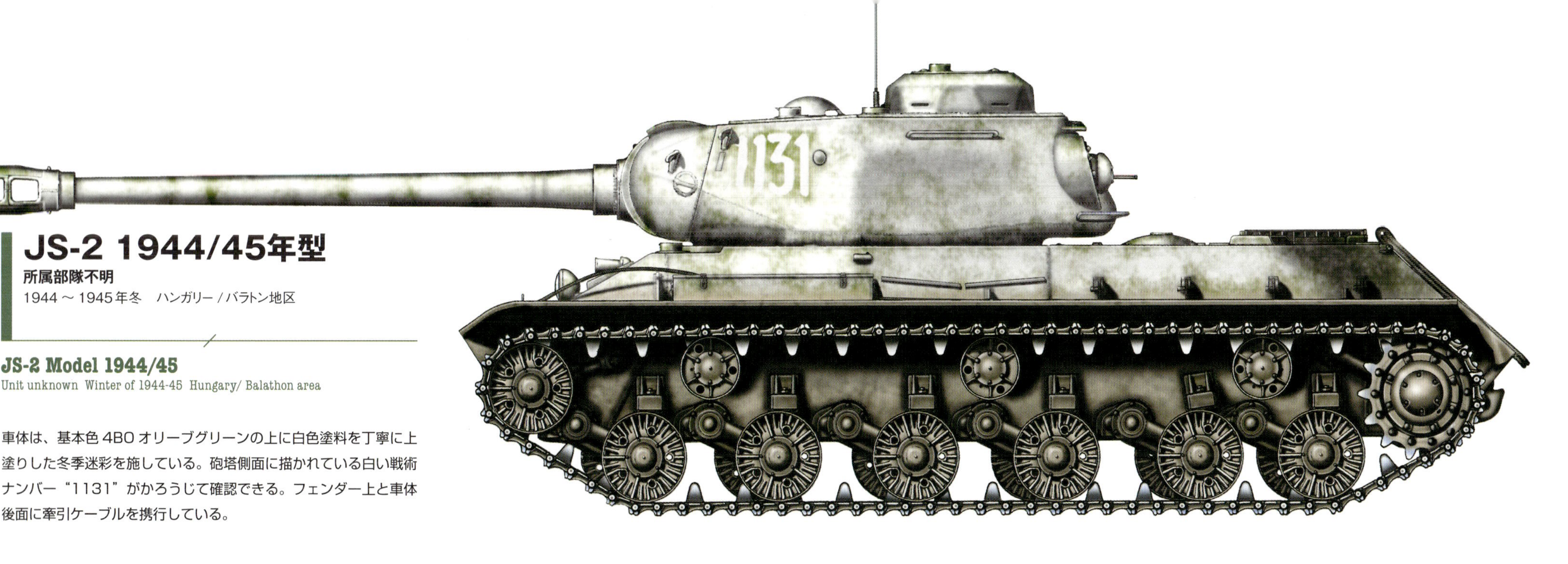

JS-2 1944/45年型

所属部隊不明

1944 ～ 1945 年冬　ハンガリー / バラトン地区

JS-2 Model 1944/45

Unit unknown Winter of 1944-45 Hungary/ Balathon area

車体は、基本色 4BO オリーブグリーンの上に白色塗料を丁寧に上塗りした冬季迷彩を施している。砲塔側面に描かれている白い戦術ナンバー“1131”がかろうじて確認できる。フェンダー上と車体後面に牽引ケーブルを携行している。

JS-2 1944/45年型

所属部隊不明

1944 ～ 1945 年冬　東プロシア

JS-2 Model 1944/45

Unit unknown Winter of 1944-45 Ost Preussen

車体は、4BO オリーブグリーンの基本色の上に白色塗料を塗布した冬季迷彩が施されている。砲塔側面の前部には小さな赤星、後部には赤色で戦術ナンバーの“53”を描いている。フェンダー上に牽引ケーブルを携行。

JS-2 1944/45年型

第 4 親衛機甲軍団第 29 独立親衛重戦車連隊 第 1 ウクライナ戦線

1945年1月　ポーランド/バシリカ地区

JS-2 Model 1944/45

29th Independent Guards Heavy Tank Regiment, 4th Guards Armored Corps, 1st Ukrainian Front January 1945 Poland/ Wislica area

4BO オリーブグリーンの基本色の上に白色塗料を斑点状に細かく配した、特徴的な迷彩パターンの冬季迷彩が施されているが、戦術ナンバーなどのマーキングは一切描かれていない。フェンダー上には軟弱地脱出用の丸太を積んでいる。

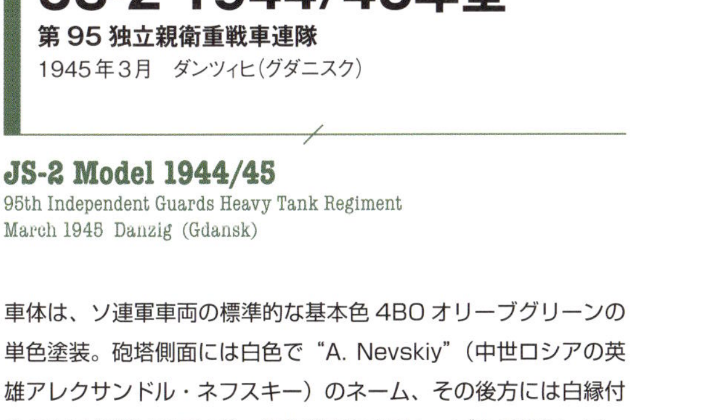

JS-2 1944/45年型

第 95 独立親衛重戦車連隊

1945年3月　ダンツィヒ(グダニスク)

JS-2 Model 1944/45

95th Independent Guards Heavy Tank Regiment
March 1945 Danzig (Gdansk)

車体は、ソ連軍車両の標準的な基本色 4BO オリーブグリーンの単色塗装。砲塔側面には白色で"A. Nevskiy"（中世ロシアの英雄アレクサンドル・ネフスキー）のネーム、その後方には白縁付きの赤星が描かれている。車体後面に牽引ケーブルを携行、フェンダーの前部と後部を欠損している。

JS-2 1944/45年型

第 1 親衛機甲軍第 8 親衛機械化軍団第 48 独立親衛重戦車連隊
1945年3月　ドイツ

JS-2 Model 1944/45

48th Independent Guards Heavy Tank Regiment, 8th Guards Mechanized Corps, 1st Guards Armored Army March 1945 Germany

車体は、基本色 4BO オリーブグリーンの単色塗装。砲塔側面の中央に所属部隊を示す戦術マーキング（黄色は推定）、その前後には“Miest za brata geroya”（Revenge for brother hero：英雄である兄弟たちの仇を討て）を表すスローガンが白いキリル文字で描かれている。

JS-2 1944/45年型

第 8 親衛機甲軍団第 62 独立親衛重戦車連隊
1945年3月　ダンチィヒ（グダニスク）

JS-2 Model 1944/45

62nd Independent Guards Heavy Tank Regiment, 8th Guards Armored Corps March 1945 Danzig (Gdansk)

車体は、標準的な 4BO オリーブグリーンの基本色の単色塗装。砲塔側面には白色で戦術マーキングと戦術ナンバー“520”を白色で描いている。この車両の車長は、E.F. イヴァノフスキー中佐とされている。フェンダー上には牽引ケーブルを携行している。

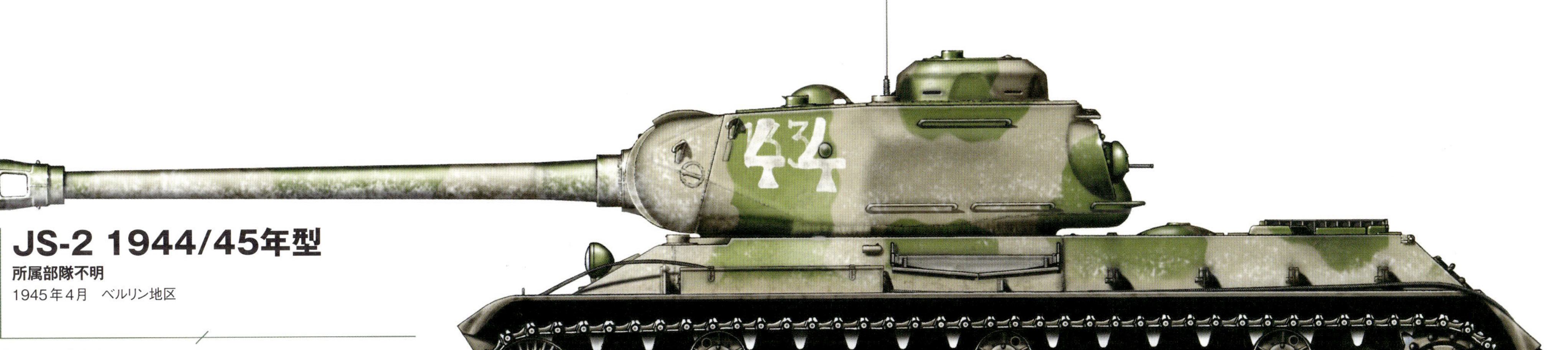

JS-2 1944/45年型

所属部隊不明

1945年4月　ベルリン地区

JS-2 Model 1944/45

Unit unknown　April 1945　Berlin area

基本色 4BO オリーブグリーンと迷彩色 7K ライトブラウン / サンドを用いた２色迷彩が施されている。砲塔側面の前部には旧戦術ナンバー（おそらく“133”）を消さずにその上から新しい戦術ナンバー“44”を記入。また、ところどころに冬季に塗布していた白色塗料が残っているようにも見える。フェンダー上に牽引ケーブルを携行。

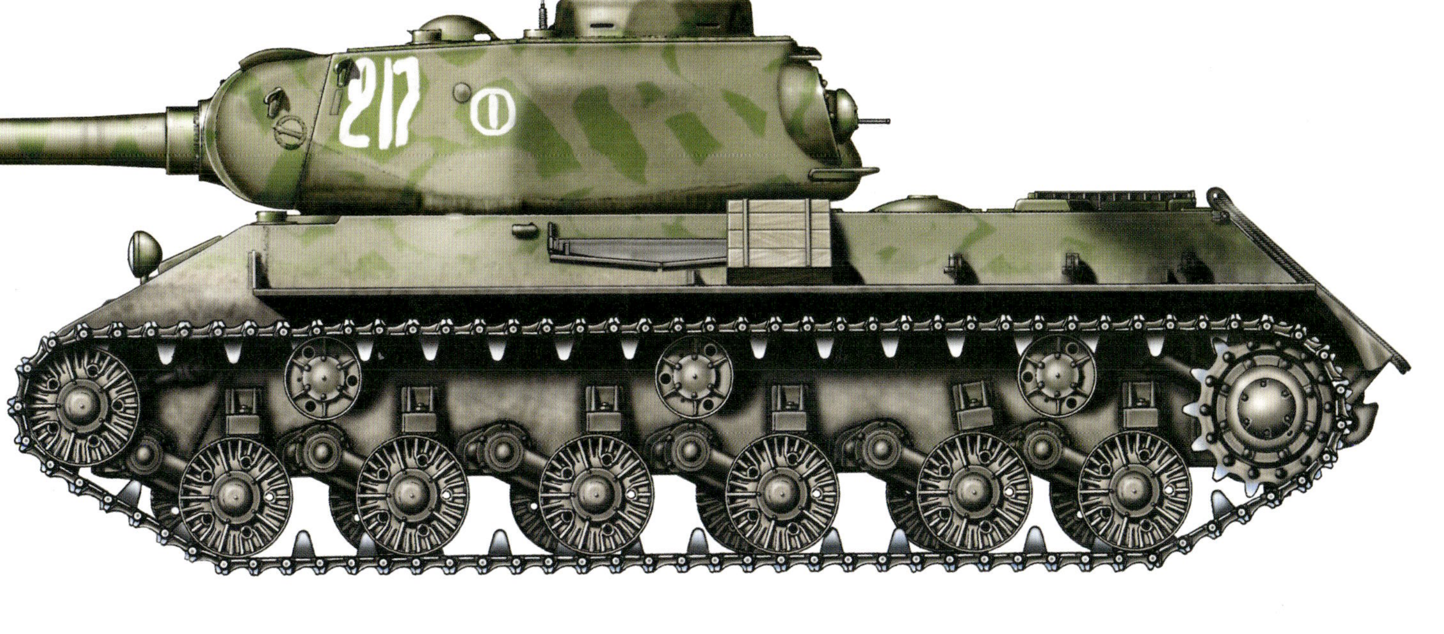

JS-2 1944/45年型

第 57 独立親衛重戦車連隊

1945年4月　ドイツ

JS-2 Model 1944/45

57th Independent Guards Heavy Tank Regiment　April 1945　Germany

基本色 4BO オリーブグリーンと迷彩色 7K ライトブラウン / サンドとの２色迷彩だが、ライトブラウン / サンドの塗布面積が広くなっているのが特徴といえる。砲塔側面の前部に“217”の戦術ナンバーとその後方に戦術マーキングをともに白色で記入。車体側面に木箱、車体後面には牽引ケーブルを携行。また、フェンダー前部は欠損している。

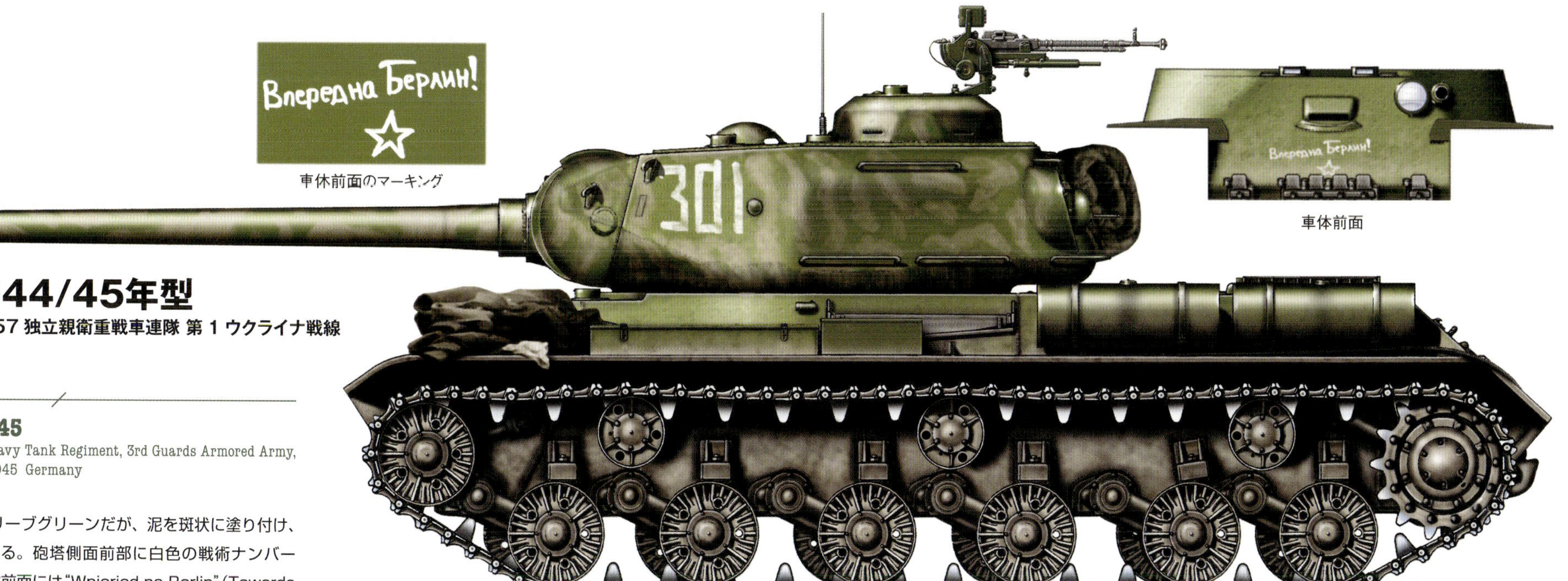

車体前面のマーキング

車体前面

JS-2 1944/45年型

第 3 親衛機甲軍第 57 独立親衛重戦車連隊 第 1 ウクライナ戦線

1945年4月　ドイツ

JS-2 Model 1944/45

57th Independent Guards Heavy Tank Regiment, 3rd Guards Armored Army, 1st Ukrainian Front April 1945 Germany

車体は、基本色 4BO オリーブグリーンだが、泥を斑状に塗り付け、2 色迷彩のようにしている。砲塔側面前部に白色の戦術ナンバー "301"を描き、さらに車体前面には"Wpieried na Berlin"(Towards Berlin：ベルリンを目指して）を表すキリル文字と星のマークも描かれている。キューポラには対空機銃として 12.7mm DShK 重機関銃を装備。砲塔後面に丸めた布シートを装着し、さらにフェンダー上には布シートらしきものや牽引ケーブルも載せている。

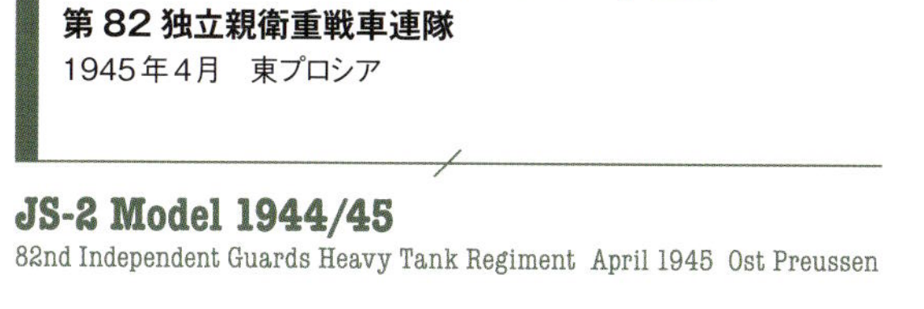

JS-2 1944/45年型

第 82 独立親衛重戦車連隊

1945年4月　東プロシア

JS-2 Model 1944/45

82nd Independent Guards Heavy Tank Regiment April 1945 Ost Preussen

標準的な基本色 4BO オリーブグリーンの単色塗装。砲塔側面には白色で "B123" の戦術コードを描いている。フェンダー上に牽引ケーブルを携行。

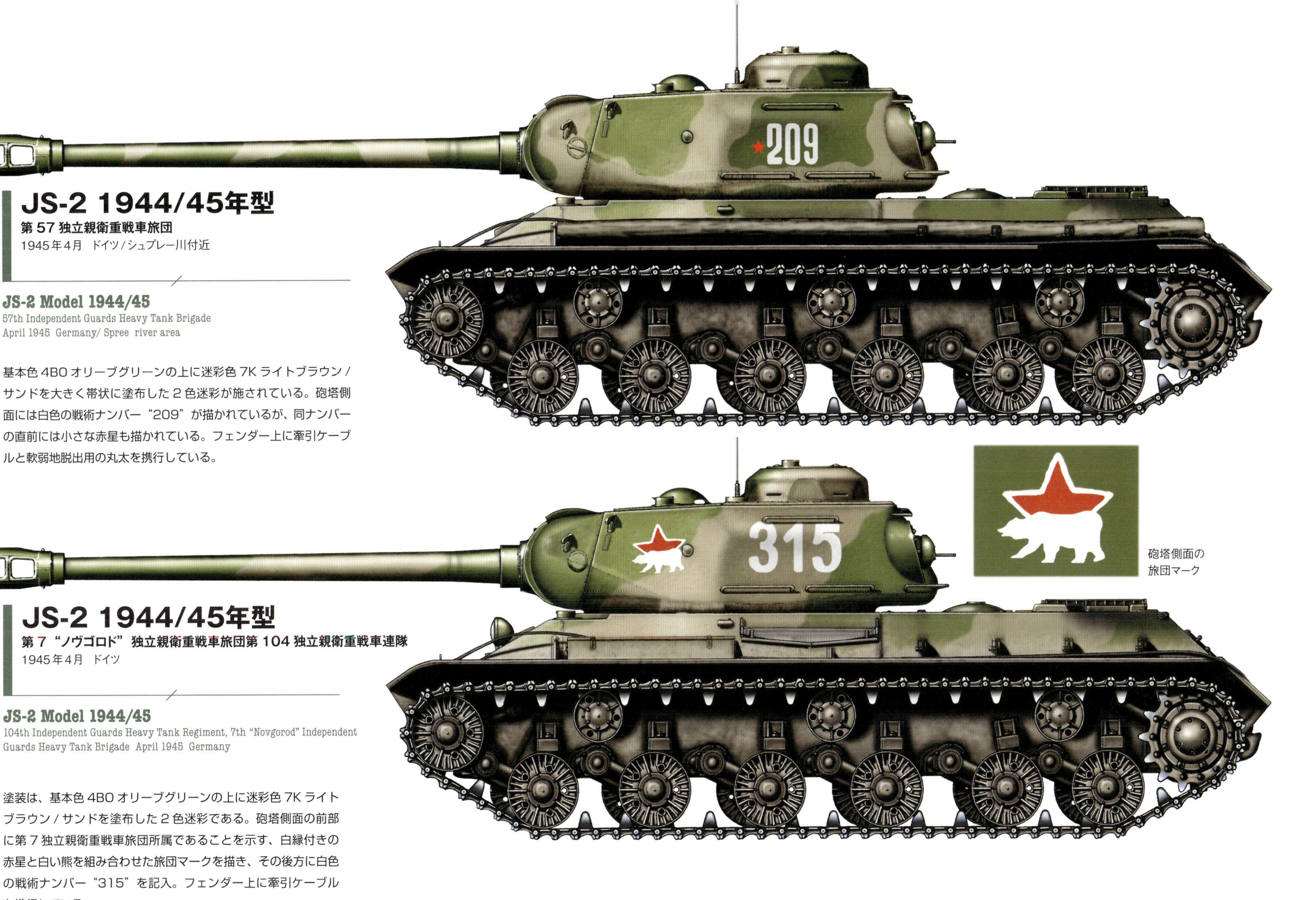

砲塔側面の
旅団マーク

JS-2 1944/45年型

第 57 独立親衛重戦車旅団
1945年4月　ドイツ/シュプレー川付近

JS-2 Model 1944/45
57th Independent Guards Heavy Tank Brigade
April 1945 Germany/ Spree river area

基本色 4BO オリーブグリーンの上に迷彩色 7K ライトブラウン/サンドを大きく帯状に塗布した 2 色迷彩が施されている。砲塔側面には白色の戦術ナンバー“209”が描かれているが、同ナンバーの直前には小さな赤星も描かれている。フェンダー上に牽引ケーブルと軟弱地脱出用の丸太を携行している。

JS-2 1944/45年型

第 7“ノヴゴロド”独立親衛重戦車旅団第 104 独立親衛重戦車連隊
1945年4月　ドイツ

JS-2 Model 1944/45
104th Independent Guards Heavy Tank Regiment, 7th “Novgorod” Independent Guards Heavy Tank Brigade April 1945 Germany

塗装は、基本色 4BO オリーブグリーンの上に迷彩色 7K ライトブラウン/サンドを塗布した 2 色迷彩である。砲塔側面の前部に第 7 独立親衛重戦車旅団所属であることを示す、白縁付きの赤星と白い熊を組み合わせた旅団マークを描き、その後方に白色の戦術ナンバー“315”を記入。フェンダー上に牽引ケーブルを携行している。

JS-2 1944/45年型

第９機甲軍団

1945年4～5月　ベルリン地区

JS-2 Model 1944/45

9th Armored Corps April-May 1945 Berlin area

車体は、標準的な4BOオリーブグリーンの単色塗装。砲塔周囲と上面に地上軍と友軍機に対する敵味方識別のための白帯を描いているのが特徴。さらに砲塔側面前部に三角形の戦術マーキングと小さな赤星、後方に白色の戦術ナンバー“42”が大きく描かれている。フェンダー上には牽引ケーブルを携行している。

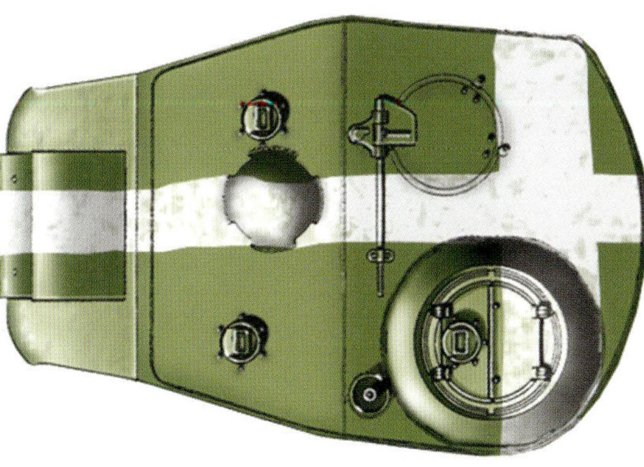

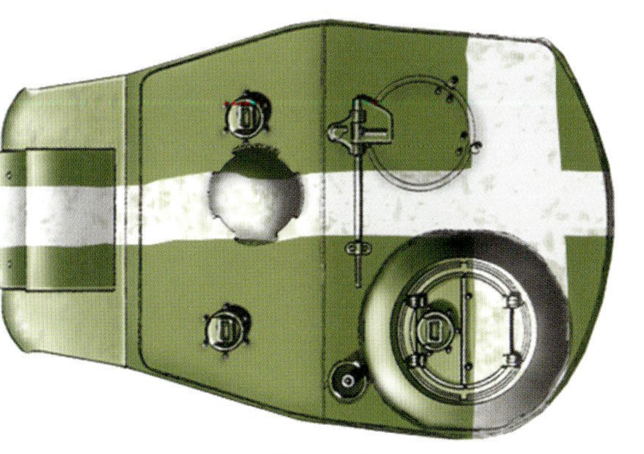

砲塔上面の識別帯

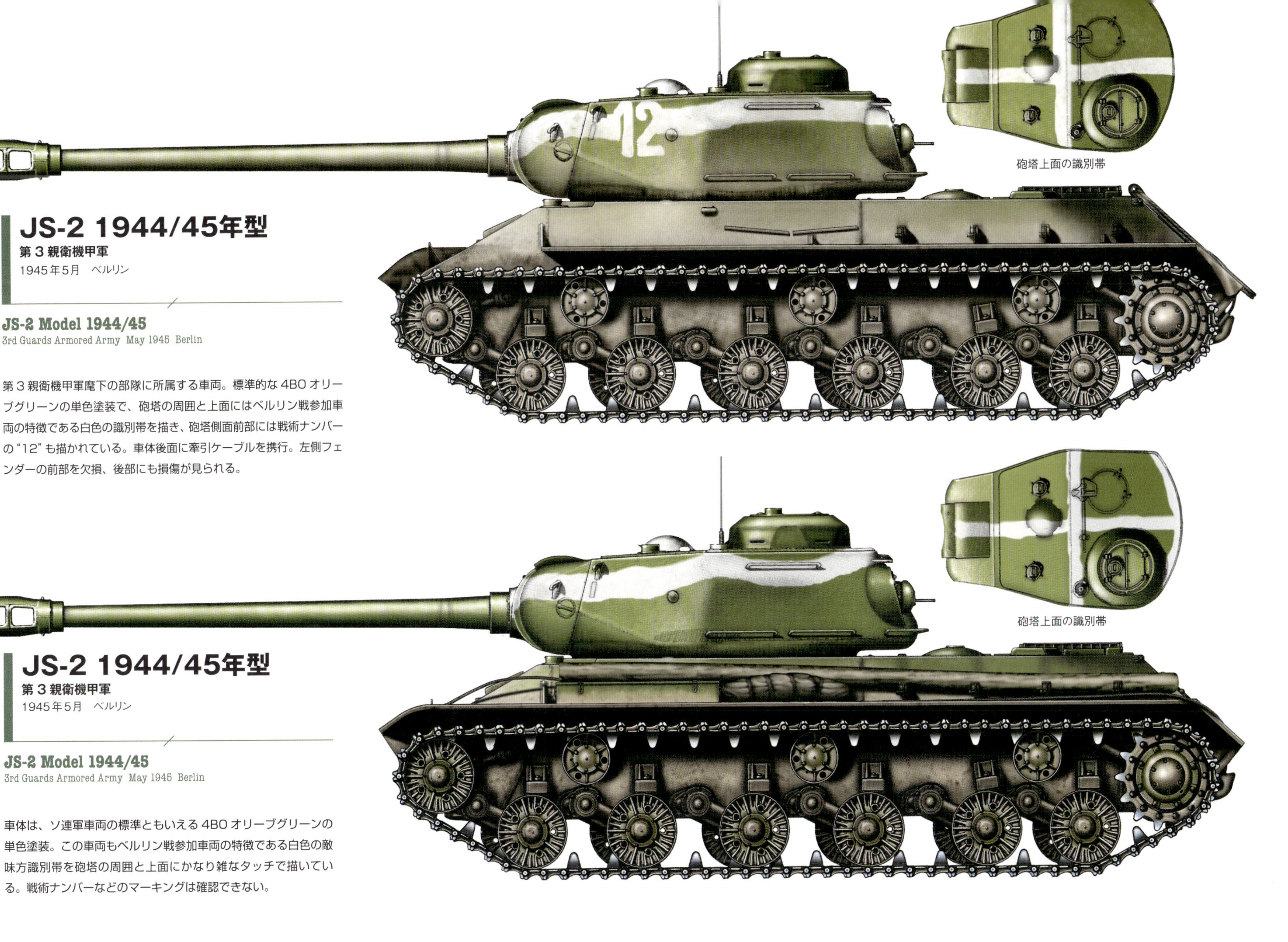

JS-2 1944/45年型

第３親衛機甲軍
1945年5月　ベルリン

JS-2 Model 1944/45
3rd Guards Armored Army May 1945 Berlin

第３親衛機甲軍麾下の部隊に所属する車両。標準的な4BOオリーブグリーンの単色塗装で、砲塔の周囲と上面にはベルリン戦参加車両の特徴である白色の識別帯を描き、砲塔側面前部には戦術ナンバーの"12"も描かれている。車体後面に牽引ケーブルを携行。左側フェンダーの前部を欠損、後部にも損傷が見られる。

JS-2 1944/45年型

第３親衛機甲軍
1945年5月　ベルリン

JS-2 Model 1944/45
3rd Guards Armored Army May 1945 Berlin

車体は、ソ連軍車両の標準ともいえる4BOオリーブグリーンの単色塗装。この車両もベルリン戦参加車両の特徴である白色の敵味方識別帯を砲塔の周囲と上面にかなり雑なタッチで描いている。戦術ナンバーなどのマーキングは確認できない。

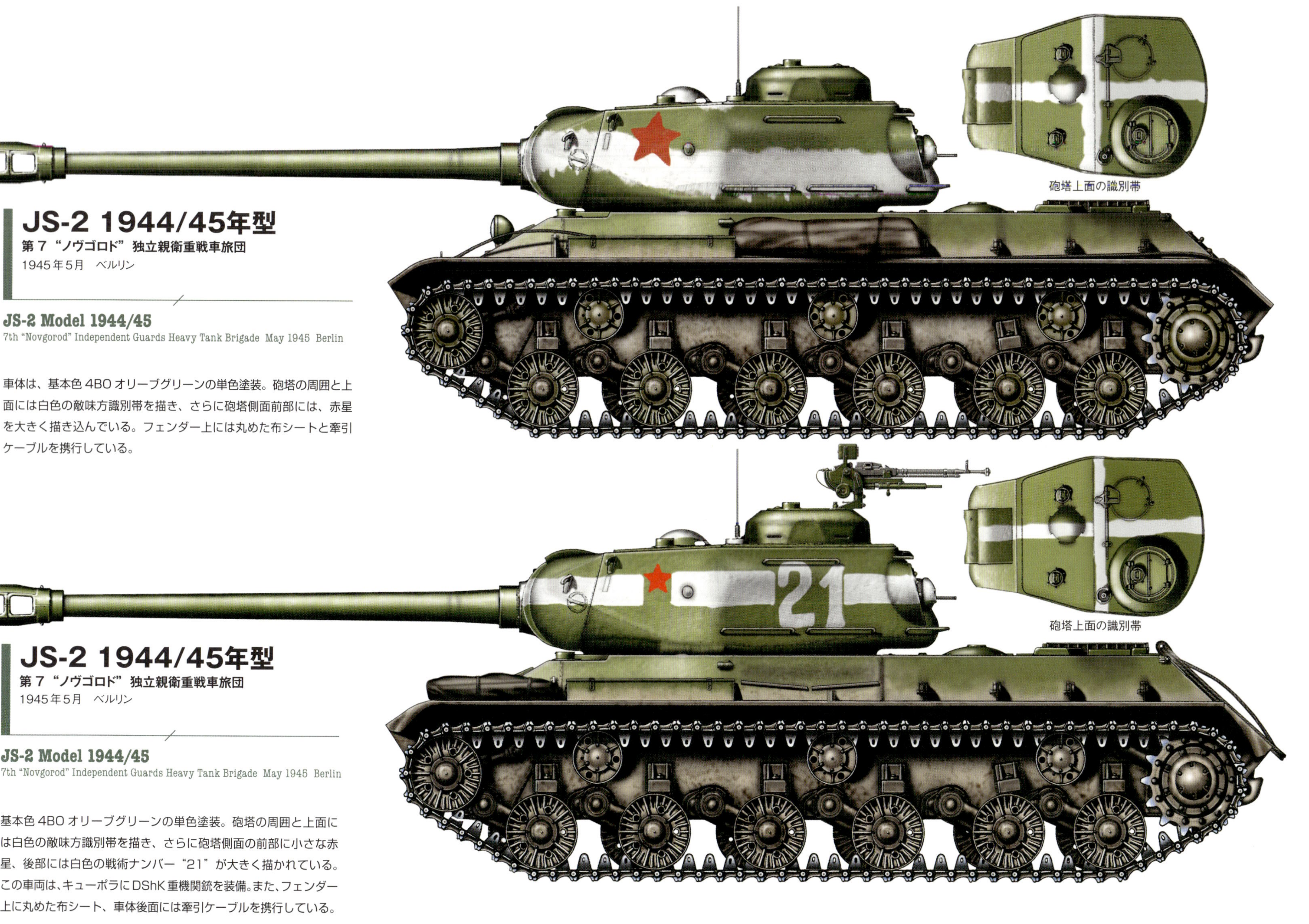

JS-2 1944/45年型
第7 "ノヴゴロド" 独立親衛重戦車旅団
1945年5月 ベルリン

JS-2 Model 1944/45
7th "Novgorod" Independent Guards Heavy Tank Brigade May 1945 Berlin

車体は、基本色4BOオリーブグリーンの単色塗装。砲塔の周囲と上面には白色の敵味方識別帯を描き、さらに砲塔側面前部には、赤星を大きく描き込んでいる。フェンダー上には丸めた布シートと牽引ケーブルを携行している。

JS-2 1944/45年型
第7 "ノヴゴロド" 独立親衛重戦車旅団
1945年5月 ベルリン

JS-2 Model 1944/45
7th "Novgorod" Independent Guards Heavy Tank Brigade May 1945 Berlin

基本色4BOオリーブグリーンの単色塗装。砲塔の周囲と上面には白色の敵味方識別帯を描き、さらに砲塔側面の前部に小さな赤星、後部には白色の戦術ナンバー "21" が大きく描かれている。この車両は、キューポラにDShK重機関銃を装備。また、フェンダー上に丸めた布シート、車体後面には牽引ケーブルを携行している。

JS-2 1944/45年型

第７“ノヴゴロド”独立親衛重戦車旅団

1945年5月　ベルリン

JS-2 Model 1944/45

7th "Novgorod" Independent Guards Heavy Tank Brigade May 1945 Berlin

第７“ノヴゴロド”独立親衛重戦車旅団麾下の重戦車連隊所属車両。基本色 4BO オリーブグリーンの単色塗装で、砲塔の周囲には白色の敵味方識別帯を描いている。また、砲塔側面の前部には赤星と白熊を組み合わせた旅団マーク、砲塔の側面と後面、さらに車体前面に白色の戦術ナンバー“404”を記入。旅団マークや戦術ナンバーと比べると、識別帯は若干くすんだ色調に見える。左側フェンダー上には牽引ケーブルを携行している。

砲塔後面のスローガン

JS-2 1944/45年型

第 7 “ノヴゴロド” 独立親衛重戦車旅団第 104 独立親衛重戦車連隊

1945年5月　ベルリン

JS-2 Model 1944/45

104th Independent Guards Heavy Tank Regiment, 7th “Novgorod” Independent Guards Heavy Tank Brigade May 1945 Berlin

基本色 4BO オリーブグリーンの単色塗装で、砲塔の周囲にはお馴染みの白色の敵味方識別帯を描き、砲塔側面の前部に旅団マーク、その後方には白色の戦術ナンバー“434”を描いている。この車両の識別帯はかなりくすんだ色調となっており、また、砲塔後面には“Boyevaya Podruga”（Friend in battle：戦友）を表すキリル文字も描かれている。フェンダー上には牽引ケーブル、車体後面には丸めた布シートを携行している。

JS-2 1944/45年型

第 7 機械化軍団第 78 独立親衛重戦車連隊

1945年5月　チェコスロバキア / イフラヴァ地区

JS-2 Model 1944/45

78th Independent Guards Heavy Tank Regiment, 7th Mechanized Corps May 1945 Czechoslovakia/ Jihlava area

ソ連軍車両の標準的な 4BO オリーブグリーンの単色塗装。砲塔側面後部の戦術ナンバー“18”は白色で、戦術マーキングは黄色（白色と書かれた資料もある）で描かれている。

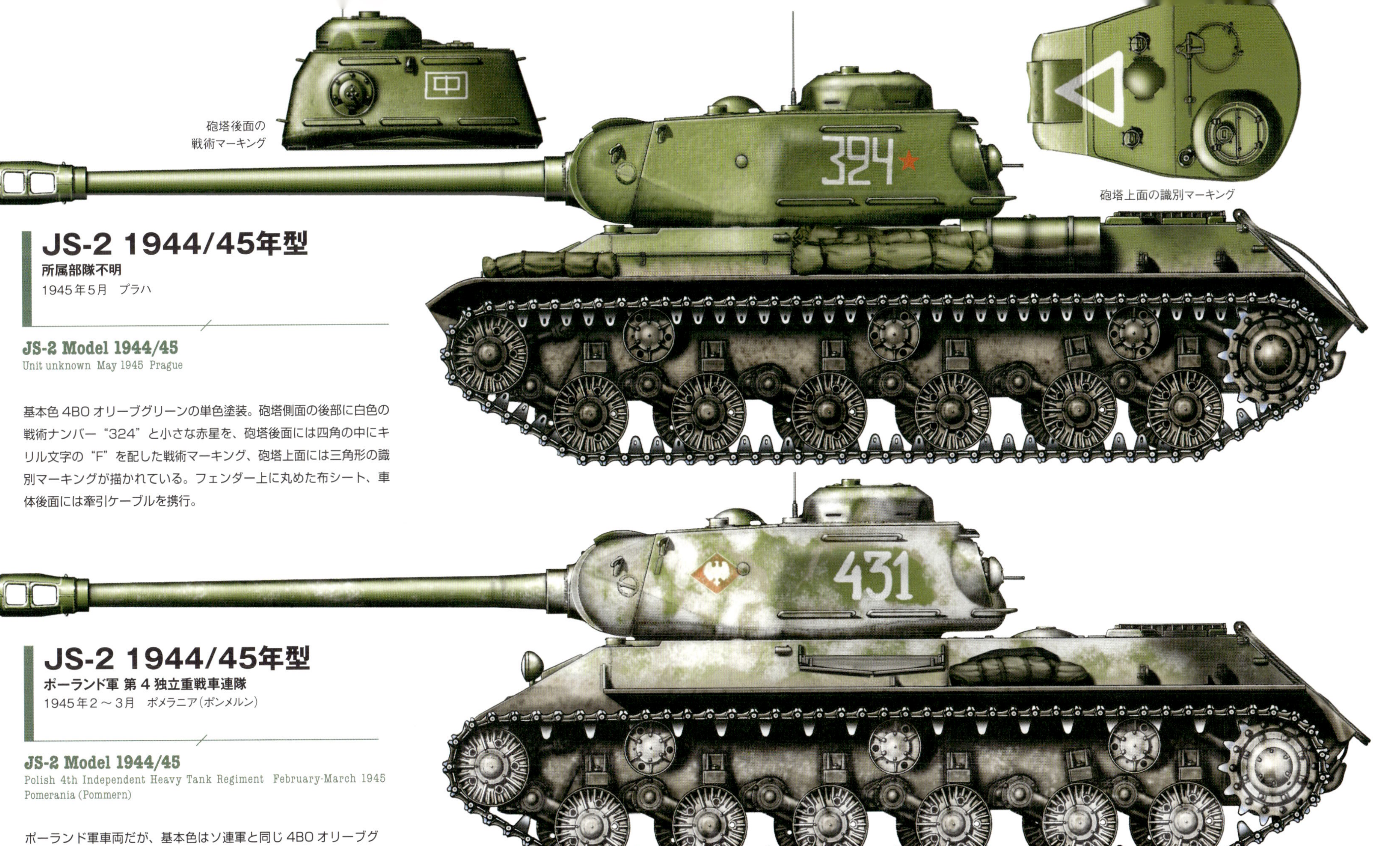

砲塔後面の
戦術マーキング

砲塔上面の識別マーキング

JS-2 1944/45年型

所属部隊不明

1945年5月　プラハ

JS-2 Model 1944/45

Unit unknown May 1945 Prague

基本色 4BO オリーブグリーンの単色塗装。砲塔側面の後部に白色の戦術ナンバー“324”と小さな赤星を、砲塔後面には四角の中にキリル文字の“F”を配した戦術マーキング、砲塔上面には三角形の識別マーキングが描かれている。フェンダー上に丸めた布シート、車体後面には牽引ケーブルを携行。

JS-2 1944/45年型

ポーランド軍 第 4 独立重戦車連隊

1945年2～3月　ポメラニア（ポンメルン）

JS-2 Model 1944/45

Polish 4th Independent Heavy Tank Regiment February-March 1945 Pomerania (Pommern)

ポーランド軍車両だが、基本色はソ連軍と同じ 4BO オリーブグリーン。この車両は白色塗料を上塗りした冬季迷彩が施されており、砲塔側面の前部に描かれた国籍標識は、第 4 独立重戦車連隊特有のもので、白縁付きの赤い菱形の中にポーランド国章の“白い鷲”を配している。さらに砲塔側面後部には“431”の戦術ナンバーも白色で描かれている。

JS-2 1944/45年型

ポーランド軍 第４独立重戦車連隊

1945年3月　ポンメルン・シュテルンク

JS-2 Model 1944/45

Polish 4th Independent Heavy Tank Regiment
March 1945 Pommern Stellung (Pomeranian Wall)

ポンメルン・シュテルンク（ポメラニアン・ウォール：ポンメルン陣地）での戦闘に参加したポーランド軍の第４独立重戦車連隊車両。4BOオリーブグリーンの基本色の上に白色塗料を塗布した冬季迷彩が施されているが、時期的に白色塗料がかなり色落ちしているように見える。砲塔側面に同連隊特有の国籍標識と白色の戦術ナンバー“433”を記入。同ナンバーの下には黄色の旧ナンバー“430”が残っている。フェンダーには損傷が見られる。

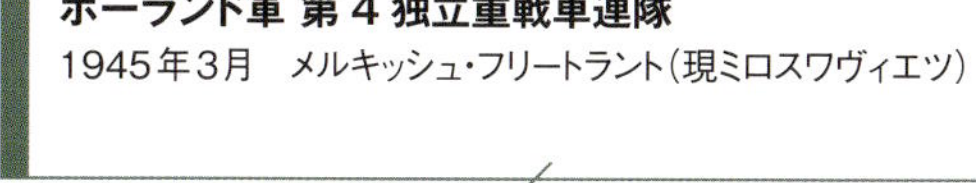

JS-2 1944/45年型

ポーランド軍 第４独立重戦車連隊

1945年3月　メルキッシュ・フリートラント（現ミロスワヴィエツ）

JS-2 Model 1944/45

Polish 4th Independent Heavy Tank Regiment
March 1945 Märkisch Friedland (Miroslawiec)

第１中隊長マカラトシェフ中佐の搭乗車両。4BO オリーブグリーンと 7K ライトブラウン / サンドの２色迷彩だが、冬季の白色塗料がまだ部分的に薄く残っている。砲塔側面に国籍標識と“410”の戦術ナンバーを白色で記入。第４連隊の戦術ナンバーは、当初４桁表記だったが、1945 年３月に３桁表記に変更されたため、この車両は旧ナンバーの末尾“0”をオリーブグリーンで塗り潰している。

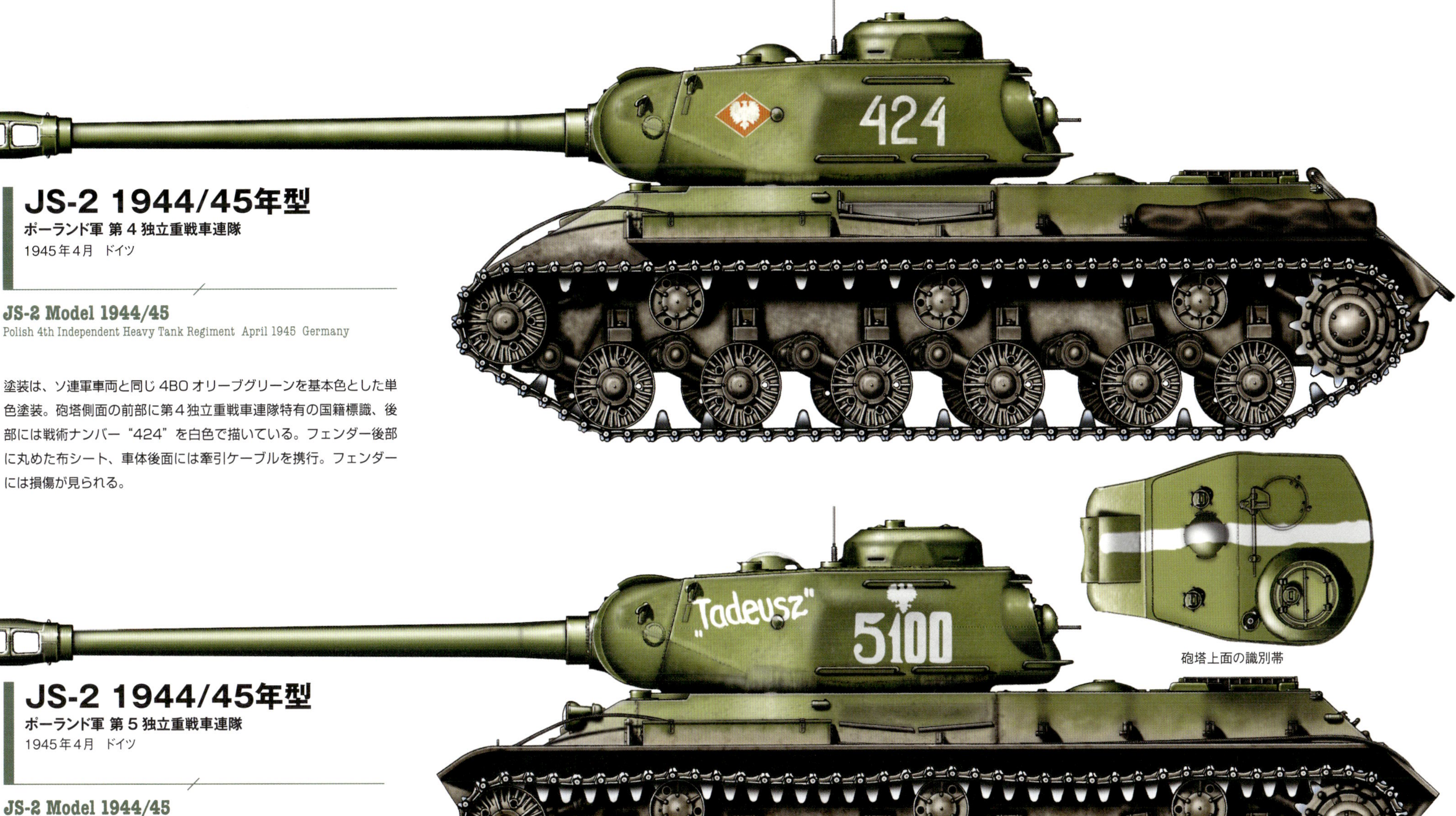

JS-2 1944/45年型

ポーランド軍 第４独立重戦車連隊

1945年4月　ドイツ

JS-2 Model 1944/45

Polish 4th Independent Heavy Tank Regiment April 1945 Germany

塗装は、ソ連軍車両と同じ 4BO オリーブグリーンを基本色とした単色塗装。砲塔側面の前部に第４独立重戦車連隊特有の国籍標識、後部には戦術ナンバー“424”を白色で描いている。フェンダー後部に丸めた布シート、車体後面には牽引ケーブルを携行。フェンダーには損傷が見られる。

JS-2 1944/45年型

ポーランド軍 第５独立重戦車連隊

1945年4月　ドイツ

JS-2 Model 1944/45

Polish 5th Independent Heavy Tank Regiment April 1945 Germany

ポーランド軍第５独立重戦車連隊の車両。4BO オリーブグリーンの単色塗装だが、第５連隊の国籍標識と戦術ナンバーの表記方法は第４連隊とは異なり、砲塔側面後部の上に国籍標識、その下に４桁ナンバーを白色で記入。この車両は、砲塔側面の前部に“Tadeusz”のネーム、砲塔上面には白色の識別帯も描いている。

砲塔上面の識別帯

JS-2 1944/45年型

ポーランド軍 第４独立重戦車／機甲砲兵連隊

1950年5月　ポーランド

JS-2 Model 1944/45

Polish 4th Independent Heavy Tank and Armored Artillery Regiment
May 1950 Poland

おそらく第４独立重戦車／機甲砲兵連隊車両と思われる。塗装は、戦後のポーランド軍基本色であるポーリッシュ・カーキの単色。砲塔側面にはポーランド軍国籍標識の“白い鷲”と白色の戦術ナンバー“055”を描き、さらに砲身には第二次大戦時のこの車両の撃破記録を示す５個の“X”マークが記されている。車体後面に牽引ケーブルを携行している。

JS-2 1944/45年型

ポーランド軍 部隊名不明の訓練部隊

1950年代半ば　ポーランド

JS-2 Model 1944/45

Unknown Polish training unit Middle of the 1950s Poland

戦後ポーランド軍の基本色ポーリッシュ・カーキの上に6Kダークブラウンを細い斑状パターンに塗布した２色迷彩が施されている。砲塔側面の前部に“白い鷲”のポーランド軍国籍標識、後部に白色の戦術ナンバー“1713”が描かれている。

JS-2 1944/45年型

チェコスロバキア軍 第 1 独立チェコスロバキア戦車旅団

1945年5月　プラハ

JS-2 Model 1944/45

1st Independent Czechoslovak Tank Brigade　May 1945　Prague

1945 年 5 月の終戦直後にプラハで行われた戦勝パレードに参加したチェコスロバキア軍の車両。塗装は、ソ連軍車両と同じ 4BO オリーブグリーンを基本色とした単色塗装。砲塔側面の前部にチェコスロバキア国旗と同じ配色のチェコスロバキア軍国籍標識が、後部には白色の戦術ナンバー“120”が描かれている。フェンダー上には牽引ケーブルを携行。終戦直後なので、フェンダー前部は欠損したままである。

JS-2 1944/45年型

チェコスロバキア軍 第 1 独立チェコスロバキア戦車旅団

1945年5月　プラハ

JS-2 Model 1944/45

1st Independent Czechoslovak Tank Brigade　May 1945　Prague

同じくプラハの戦勝パレードに参加したチェコスロバキア軍車両。4BO オリーブグリーンを基本色とした単色塗装で、砲塔側面の前部にラウンデルのチェコスロバキア軍国籍標識が描かれているが、白色の戦術ナンバー“129”は上図の 120 号車と異なり、国籍標識の直後に配されている。この車両もフェンダー前部が欠損したままの状態でパレードに参加している。

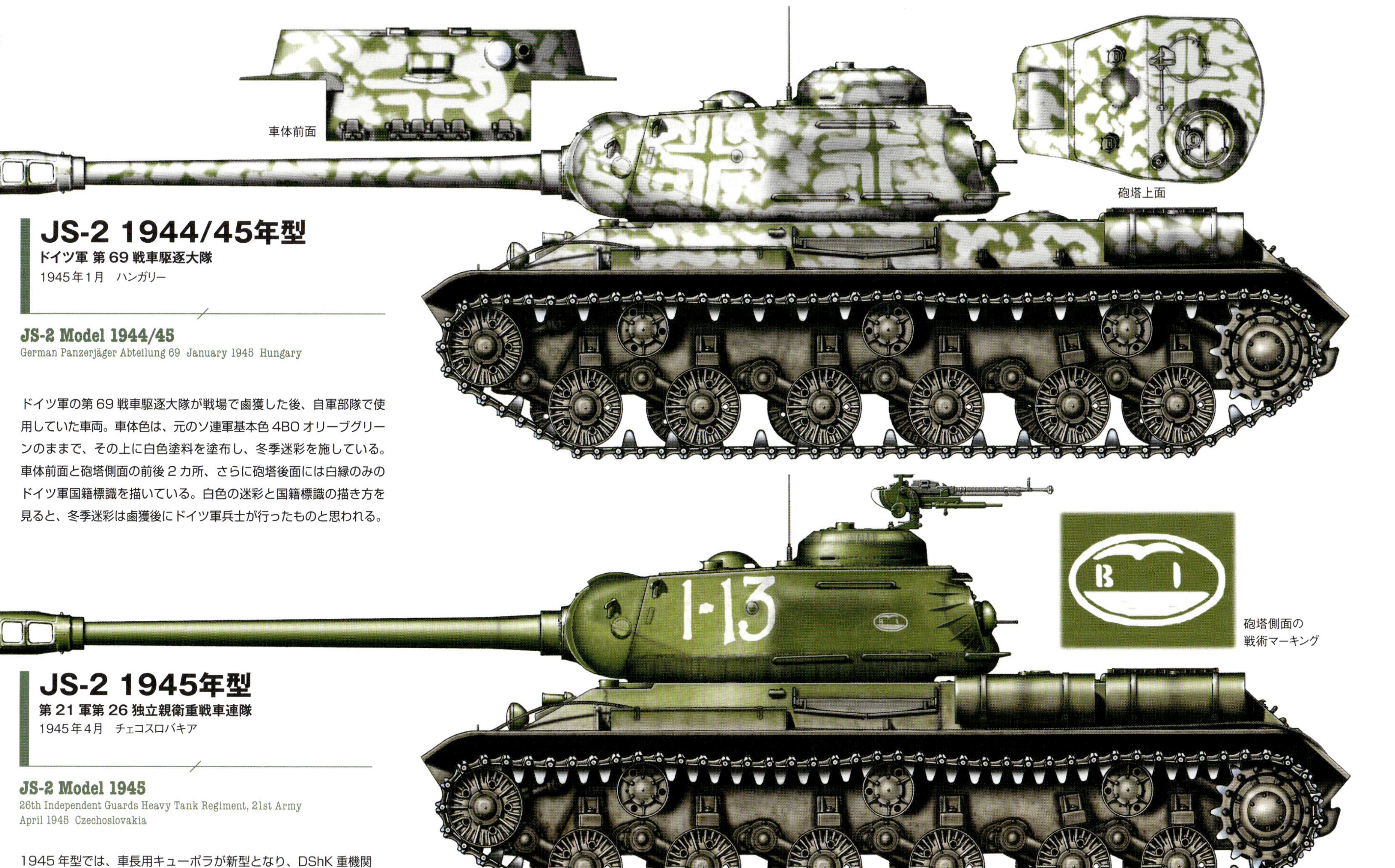

JS-2 1944/45年型

ドイツ軍 第69戦車駆逐大隊
1945年1月　ハンガリー

JS-2 Model 1944/45
German Panzerjäger Abteilung 69 January 1945 Hungary

ドイツ軍の第69戦車駆逐大隊が戦場で鹵獲した後、自軍部隊で使用していた車両。車体色は、元のソ連軍基本色4BOオリーブグリーンのままで、その上に白色塗料を塗布し、冬季迷彩を施している。車体前面と砲塔側面の前後2カ所、さらに砲塔後面には白縁のみのドイツ軍国籍標識を描いている。白色の迷彩と国籍標識の描き方を見ると、冬季迷彩は鹵獲後にドイツ軍兵士が行ったものと思われる。

JS-2 1945年型

第21軍第26独立親衛重戦車連隊
1945年4月　チェコスロバキア

JS-2 Model 1945
26th Independent Guards Heavy Tank Regiment, 21st Army
April 1945 Czechoslovakia

1945年型では、車長用キューポラが新型となり、DShK重機関銃を装備。砲塔後面の機銃マウントの張り出し部分には複数の筋状リブが追加されている。4BOオリーブグリーンの単色塗装で、砲塔側面の前部に戦術コード“I-13”、後部に戦術マーキングをともに白色で描いている。

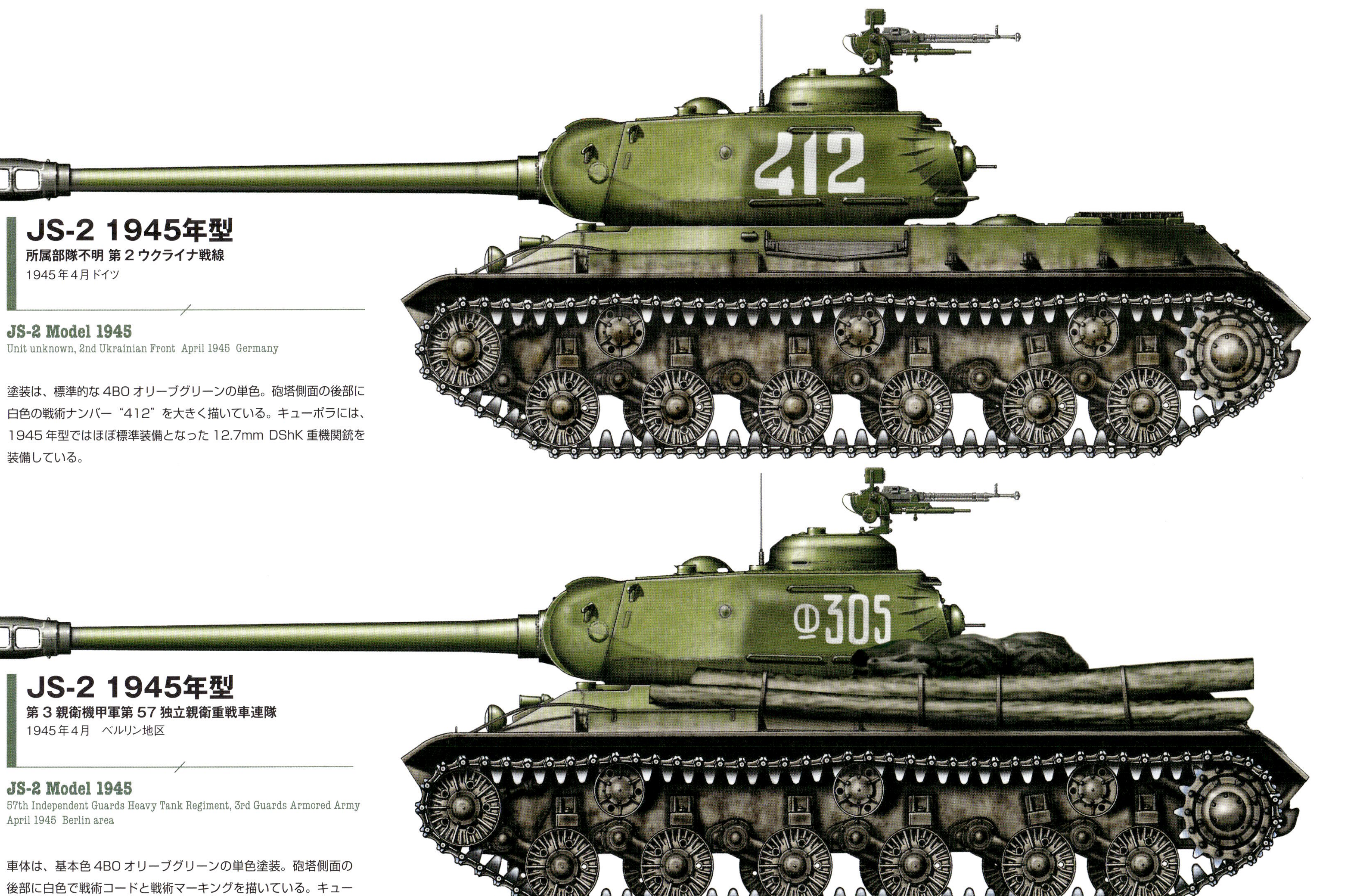

JS-2 1945年型

所属部隊不明 第2ウクライナ戦線

1945年4月ドイツ

JS-2 Model 1945

Unit unknown, 2nd Ukrainian Front April 1945 Germany

塗装は、標準的な4BOオリーブグリーンの単色。砲塔側面の後部に白色の戦術ナンバー“412”を大きく描いている。キューポラには、1945年型ではほぼ標準装備となった12.7mm DShK重機関銃を装備している。

JS-2 1945年型

第3親衛機甲軍第57独立親衛重戦車連隊

1945年4月　ベルリン地区

JS-2 Model 1945

57th Independent Guards Heavy Tank Regiment, 3rd Guards Armored Army
April 1945 Berlin area

車体は、基本色4BOオリーブグリーンの単色塗装。砲塔側面の後部に白色で戦術コードと戦術マーキングを描いている。キューポラ上にDShK重機関銃を装備。車体後部に丸めた布シート、フェンダー上には牽引ケーブルや丸太などを積んでいる。

砲塔側面の
戦術マーキング

JS-2 1945年型

第 1 親衛機甲軍
1945年4～5月 ベルリン地区

JS-2 Model 1945

1st Guards Armored Army April-May 1945 Berlin area

第 1 親衛機甲軍麾下の部隊の車両。標準的な基本色 4BO オリーブグリーンの単色塗装で、砲塔には白色の敵味方識別帯、三角のマーキング（何を意味するのかは不明だが、おそらく識別マーキング）、戦術マーキングが描かれている。フェンダー上には牽引ケーブルを携行している。

砲塔上面の識別マーキング

JS-2 1945年型

第 7 機械化軍団第 78 独立親衛重戦車連隊
1945年4～5月 チェコスロバキア

JS-2 Model 1945

78th Independent Guards Heavy Tank Regiment, 7th Mechanized Corps
April-May 1945 Czechoslovakia

車体は、基本色 4BO オリーブグリーンの単色塗装。砲塔側面に戦術ナンバー“21”と戦術マーキングをともに白色で描いており、さらに砲塔上面には三角の識別マーキングが描かれている。キューポラには DShK 重機関銃を装備。フェンダーには牽引ケーブルを携行している。

JS-2 1945年型（1943/44年型砲塔搭載）

所属部隊不明
1945年4月　ドイツ

JS-2 Model 1945 with Model 1943/44 turret

Unit unknown　April 1945　Germany

1945 年型の車体に初期生産の 1943/44 年型砲塔を載せた、珍しいJS-2 のハイブリッド型。塗装は、標準的な 4BO オリーブグリーンの単色塗装だが、車体、砲塔ともに泥、砂埃による汚れが激しい。砲塔の側面前部と後面に白色で“402”の戦術ナンバーを描いている。左側フェンダー上に牽引ケーブルを携行している。

砲塔側面の
戦術マーキング

JS-2 1945年型

第 1 親衛機甲軍第 11 親衛機甲軍団

1945年5月　ベルリン地区

JS-2 Model 1945

11th Guards Armored Corps, 1st Guards Armored Army　May 1945　Berlin area

車体は、基本色 4BO オリーブグリーンの単色塗装。砲塔側面の後部には白色で戦術マーキングを描いており、さらに砲塔の周囲と上面には白色の敵味方識別帯も描かれている。フェンダー上に牽引ケーブルを携行。

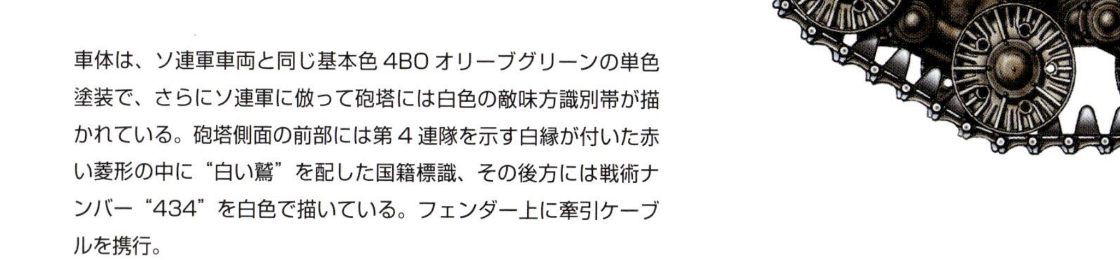

JS-2 1945年型

ポーランド軍 第 4 独立重戦車連隊

1945年5月　ドイツ

JS-2 Model 1945

Polish 4th Independent Heavy Tank Regiment　May 1945　Germany

車体は、ソ連軍車両と同じ基本色 4BO オリーブグリーンの単色塗装で、さらにソ連軍に倣って砲塔には白色の敵味方識別帯が描かれている。砲塔側面の前部には第 4 連隊を示す白縁が付いた赤い菱形の中に“白い鷲”を配した国籍標識、その後方には戦術ナンバー“434”を白色で描いている。フェンダー上に牽引ケーブルを携行。

JS-2 1945年型

中国人民解放軍 所属部隊不明
1952年　北京

JS-2 Model 1945

Chinese People Liberated Army, Unit unknown　1952　Peking

1952 年に北京で行われた軍事パレードに参加した中国軍の JS-2。塗装は、大戦時のソ連軍車両と同じ基本色 4BO オリーブグリーンの単色塗装。砲塔側面の前部には中国軍国籍標識＝黄色の縁が付いた赤星を大きく描き、その後方には“204”の戦術ナンバーが描かれている。

JSU-122 重自走砲　JSU-122 Heavy Self-Propelled Guns

JSU-122 初期型

所属部隊不明 第 1 バルト戦線
1944 年秋

JSU-122 Early production model

Unit unknown, 1st Baltic Front　Autumn of 1944

車体は、4BO オリーブグリーンの基本色の上に 7K ライトブラウン / サンドで迷彩を施した 2 色迷彩で、ライトブラウン / サンドの塗布面積が広いのが特徴。戦闘室側面には白色で“41”の戦術ナンバーが描かれている。車体後面には牽引ケーブルを携行。

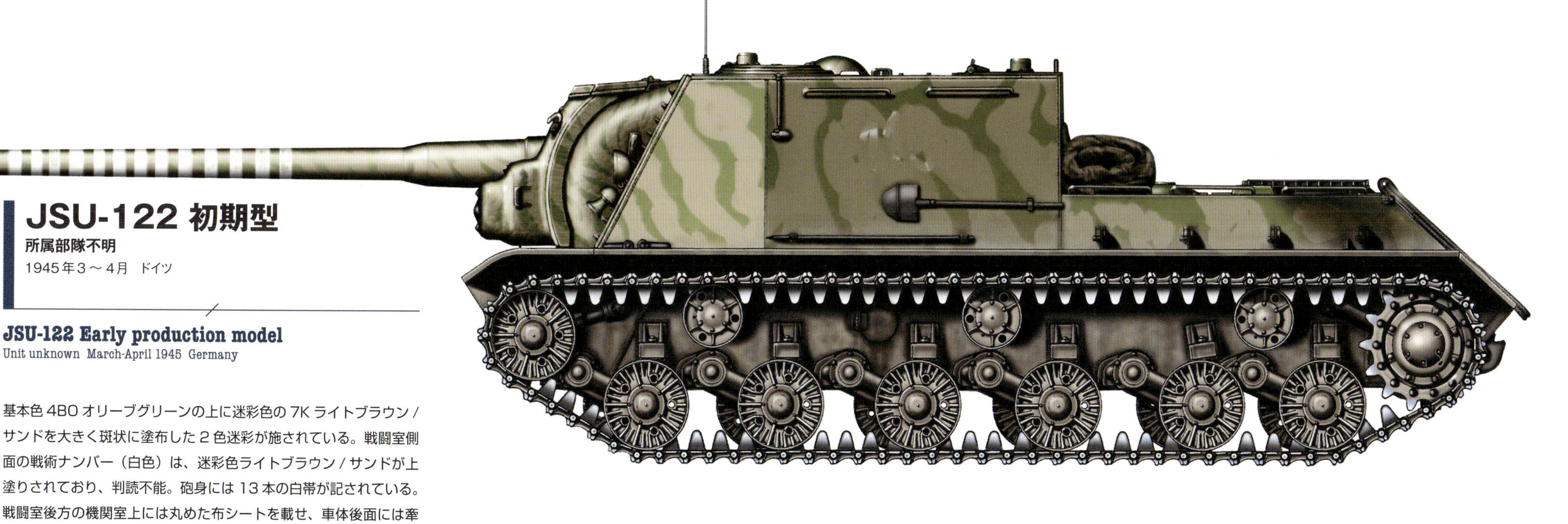

JSU-122 初期型

所属部隊不明

1945年3～4月　ドイツ

JSU-122 Early production model

Unit unknown　March-April 1945　Germany

基本色 4BO オリーブグリーンの上に迷彩色の 7K ライトブラウン / サンドを大きく斑状に塗布した 2 色迷彩が施されている。戦闘室側面の戦術ナンバー（白色）は、迷彩色ライトブラウン / サンドが上塗りされており、判読不能。砲身には 13 本の白帯が記されている。戦闘室後方の機関室上には丸めた布シートを載せ、車体後面には牽引ケーブルを携行している。

JSU-122 初期型

第 345 親衛重自走砲連隊 第 3 白ロシア戦線

1945年4月　東プロシア

JSU-122 Early production model

345th Guards Heavy Self-Propelled Artillery Regiment, 3rd Belorussian Front　April 1945　Ost Preussen

この車両も基本色 4BO オリーブグリーンと迷彩色 7K ライトブラウン / サンドの 2 色迷彩だが、迷彩色ライトブラウン / サンドは細い斑状パターンで濃密に塗布されている。戦闘室側面には戦術ナンバー“532”が白色で描かれている。

JSU-122 後期型

第5親衛機甲軍
1944～1945年冬　東プロシア

JSU-122 Late production model
5th Guards Armored Army　Winter of 1944 - 1945　Ost Preussen

基本色4BOオリーブグリーンの上に白色塗料を塗布した冬季迷彩だが、白色迷彩パターンがかなり特徴的。戦闘室側面には“176”の戦術ナンバーが白色で小さく描かれている。

JSU-122 後期型

所属部隊不明
1945年1～2月

JSU-122 Late production model
Unit unknown　January-February 1945

基本色4BOオリーブグリーンの上に白色塗料を塗布した冬季迷彩が施されている。戦闘室側面に描かれた白色の戦術ナンバー“143”もかろうじて確認できる。また、戦闘室側面前部のオリーブグリーンを三角に塗り残し識別マーキングとしている。車体後部側面の燃料タンク用ラックには軟弱地脱出用の丸太や丸めた布シート、ドラム缶などを載せている。

JSU-122 後期型

第 5 親衛機甲軍
1945年2月　東プロシア

JSU-122 Late production model

5th Guards Armored Army February 1945 Ost Preussen

基本色 4BO オリーブグリーンの上に白色塗料を細い斑模様に塗布した冬季迷彩を施している。戦闘室側面の戦術ナンバーは白色で描かれているが、冬季迷彩が上塗りされているため正確なナンバーは不明。車体後面に牽引ケーブルを携行、また機関室上にはドラム缶や布シートなどを積んでいる。

JSU-122 後期型

第 5 親衛機甲軍
1945年2～3月　東プロシア

JSU-122 Late production model

5th Guards Armored Army February-March 1945 Ost Preussen

基本色 4BO オリーブグリーンと迷彩色 7K ライトブラウン / サンドの 2 色迷彩の車体にさらに白色塗料を斑状に塗布し、冬季迷彩を施している。戦闘室側面の戦術ナンバーは迷彩色が上塗りされているが、白色の "111" であることが確認できる。車体後面に牽引ケーブルを携行、機関室上には丸太や布シートなどを載せている。

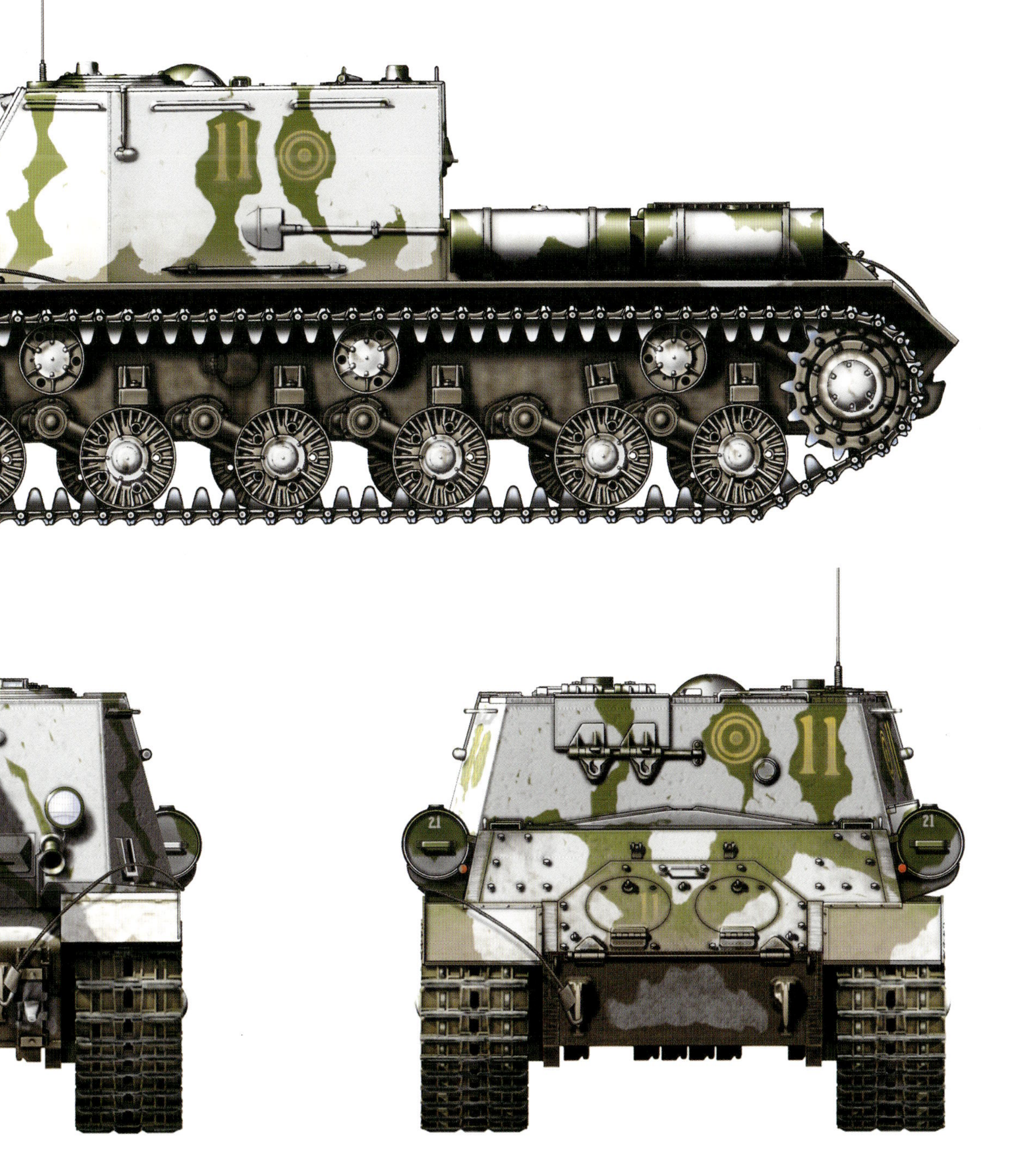

JSU-122 後期型

第５親衛機甲軍
1945年3月　東プロシア

JSU-122 Late production model
5th Guards Armored Army March 1945 Ost Preussen

4BO オリーブグリーンの基本色の上に白色塗料を塗布し、冬季迷彩を施している。戦闘室の側面と後面右側には戦術ナンバー“11”と戦術マーキングが黄色で描かれている。左側のフェンダー上に牽引ケーブルを携行。

JSU-122 後期型

第 8 親衛機甲軍団第 375 親衛重自走砲連隊
1945年3月　ダンチィヒ(グダニスク)

JSU-122 Late production model
375th Guards Heavy Self-Propelled Artillery Regiment, 8th Guards Armored Corps March 1945 Danzig (Gdansk)

車体は、標準的な基本色 4BO オリーブグリーンの単色塗装だが、冬季に塗布していた冬季迷彩の白色塗料がところどころ薄く残っているように見える。戦闘室側面には戦術マーキングと戦術ナンバー“336”を白色で描いている。車体後面に牽引ケーブルを携行し、機関室上には雑に畳んだ布シートなどを載せている。

JSU-122 後期型

第 8 親衛機甲軍団第 375 親衛重自走砲連隊
1945年3月　ダンチィヒ(グダニスク)

JSU-122 Late production model
375th Guards Heavy Self-Propelled Artillery Regiment, 8th Guards Armored Corps March 1945 Danzig (Gdansk)

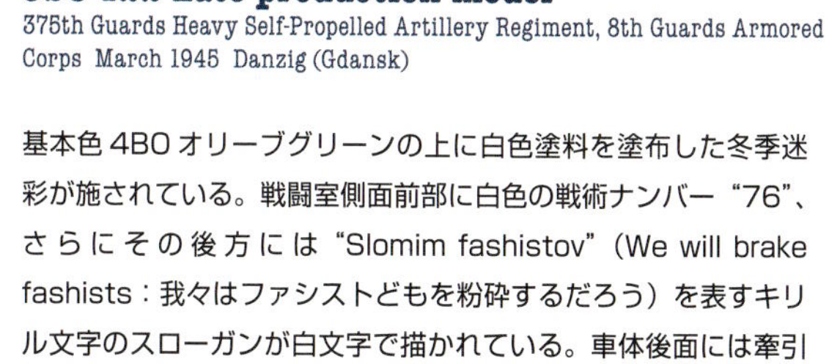

基本色 4BO オリーブグリーンの上に白色塗料を塗布した冬季迷彩が施されている。戦闘室側面前部に白色の戦術ナンバー“76”、さらにその後方には“Slomim fashistov”(We will brake fashists：我々はファシストどもを粉砕するだろう)を表すキリル文字のスローガンが白文字で描かれている。車体後面には牽引ケーブルを携行している。

JSU-122 後期型

第 338 親衛重自走砲連隊

1945年4月　ケーニヒスベルク

JSU-122 Late production model

338th Guards Heavy Self-Propelled Artillery Regiment April 1945 Königsberg

車体は、標準的な4BOオリーブグリーンの単色塗装。戦闘室の前面と後面に戦術マーキング、側面前部には"65"の戦術ナンバーを白色で記入。さらに戦闘室の側面には、"Osvobozdionnaya Kirovskaya"（Liberated Kirovskaya：キロヴォスカヤを解放した）を表すキリル文字のスローガンも描かれている。フェンダー上には牽引ケーブルや丸太を携行。この車両に関しては諸説あり、記録写真では砲身部分が写っていないため、JSU-152としている資料・文献も見られるが、砲身基部の太さを見ると、JSU-122であることはほぼ間違いない。また、写真の解像度が低いためスローガンは"Osvobozdionniy Kirovograd"（キロヴォグラードを解放した）であると解説しているものもある。

戦闘室側面の
戦術マーキング

JSU-122 後期型

第 1 親衛機甲軍第 11 親衛機甲軍団
第 399 親衛重自走砲連隊 第 1 白ロシア戦線
1945年4月　ベルリン地区

JSU-122 Late production model
399th Guards Heavy Self-Propelled Artillery Regiment, 11th Guards Armored Corps, 1st Guards Armored Army, 1st Belorussian Front　April 1945　Berlin area

基本色 4BO オリーブグリーンの単色塗装。戦闘室側面の前部に白色の戦術マーキング、その後方には白色の戦術ナンバー“316”を描いている。戦闘室上面の右側ハッチには DShK 重機関銃を装備。車体後面には牽引ケーブルを携行している。

戦闘室側面の
ポーランド軍国籍標識

JSU-122 後期型

ポーランド軍 第 1 機甲軍団第 25 自走砲連隊
1945年5月　ドイツ

JSU-122 Late production model
Polish 25th Self-Propelled Artillery Regiment, 1st Armored Corps
May 1945　Germany

ポーランド軍車両。塗装は、ソ連軍車両と同じで 4BO オリーブグリーンを基本色とした単色塗装。戦闘室側面にポーランド軍国籍標識の“白い鷲”、その下に白色の戦術ナンバー“721”を記入。フェンダー上には丸太や丸めた布シートを載せている。

JSU-122S
所属部隊不明 第 3 ウクライナ戦線
1944年秋　ハンガリー

JSU-122S
Unit unknown, 3rd Ukrainian Front Autumn 1944 Hungary

ソ連軍車両の標準ともいえる4BOオリーブグリーンを基本色とした単色塗装。車体に薄らと付着した泥や砂埃が迷彩のような効果を醸し出している。戦闘室側面には白色で"102"の戦術ナンバーを記入。フェンダー上には軟弱地脱出用の丸太、車体後面には牽引ケーブルを携行している。

JSU-122S
所属部隊不明 第 3 白ロシア戦線
1945年3～4月　ピラウ(ピラバ)

JSU-122S
Unit unknown, 3rd Belorussian Front March-April 1945 Pilllau (Pilawa)

車体は、基本色4BOオリーブグリーンの単色塗装だが、車体及び戦闘室の前部には冬季に塗布した白色塗料がかなり広範囲にわたって残っている。戦闘室側面には戦術ナンバーの"16"を白色で描いている。また、フェンダー後部には丸太、機関室上には布シートなどを載せている。

JSU-122S

第 337 親衛重自走砲連隊
1945年3～4月　東プロシア

JSU-122S
337th Guards Heavy Self-Propelled Artillery Regiment　March-April 1945
Ost Preussen

塗装は、標準的な 4BO オリーブグリーンの単色だが、車体は泥や砂埃による汚れが激しく、それが上手く迷彩のような効果を出している。戦闘室側面の後部には白色で“41”の戦術ナンバーが描かれている。フェンダーの前部を欠損、フェンダー後部にもダメージの跡が見られる。

JSU-122S

第 3 親衛機甲軍団第 375 親衛重自走砲連隊 第 2 白ロシア戦線
1945年3～4月　ダンチィヒ(グダニスク)

JSU-122S
375th Guards Heavy Self-Propelled Artillery Regiment, 3rd Guards Armored Corps, 2nd Belorussian Front　March-April 1945　Danzig (Gdansk)

基本色 4BO オリーブグリーンの単色塗装だが、冬季に施した白色迷彩が戦闘室の前部を中心にまだ車体のところどころに残っている。戦闘室側面の前部に白色の戦術ナンバー“23”を描き、その後方に“Imeni Mikoyana”（In honor of Mikoyan：ミコヤンに敬意を表して）を表すキリル文字のスローガンが描かれている。フェンダー上には丸太を積んでいる。

JSU-122S

第３親衛機甲軍

1945年４～５月　ベルリン

JSU-122S

3rd Guards Armored Army　April-May 1945　Berlin

基本色 4BO オリーブグリーンの単色塗装。戦闘室側面の前部に白色の戦術ナンバー“15”、その後方には赤星を描き、さらに白色の敵味方識別帯が描かれている。フェンダー上には軟弱地脱出用の丸太を積んでいる。

JSU-122S

ポーランド軍 所属部隊不明

1950年代後期

JSU-122S

Unit unknown, Polish Army　Late of 1950s

戦後、ポーランド軍で使用していた車両。車体は、ソ連軍基本色 4BO オリーブグリーン、あるいは戦後のポーランド軍制式基本色のポーリッシュ・カーキの単色塗装で、戦闘室側面の前部にはポーランド軍国籍標識の“白い鷲”、その後方には“1010”の戦術ナンバーが描かれている。

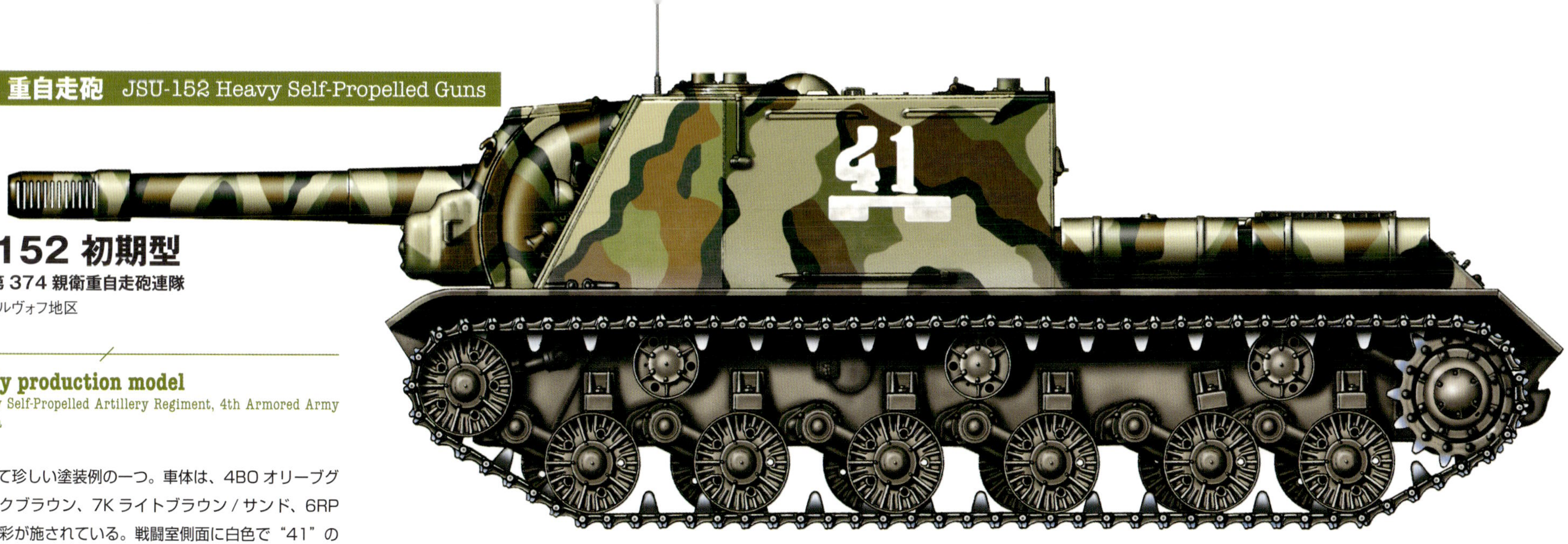

JSU-152 初期型

第 4 機甲軍第 374 親衛重自走砲連隊

1944 年 7 月　ルヴォフ地区

JSU-152 Early production model

374th Guards Heavy Self-Propelled Artillery Regiment, 4th Armored Army
July 1944 Lvov area

JSU-152 の極めて珍しい塗装例の一つ。車体は、4BO オリーブグリーンと 6K ダークブラウン、7K ライトブラウン / サンド、6RP ブラックの 4 色迷彩が施されている。戦闘室側面に白色で“41”の戦術ナンバーを描き、その下に白色の戦術マーキングを配している。

JSU-152 初期型

第 333 親衛重自走砲連隊 第 1 バルト戦線

1944 年 7 月　白ロシア / ポロツク

JSU-152 Early production model

333rd Guards Heavy Self-Propelled Artillery Regiment, 1st Baltic Front
July 1944 Belarussia/ Polotsk

基本色 4BO オリーブグリーンの上に 7K ライトブラウン / サンドを太い帯状に塗布した 2 色迷彩で、迷彩色のライトブラウン / サンドの塗布面積の方が広いのが特徴。戦闘室側面の前部には“Za Stalina”（For Stalin：スターリンのために）を表すキリル文字のスローガンが白色で描かれているが、目立たないようにするためか、文字の中を迷彩色らしき色で上塗りしている。フェンダー上に丸太、車体後面には牽引ケーブルを携行している。

戦闘室後面の戦術ナンバー

JSU-152 初期型

所属部隊不明 第 1 バルト戦線
1944 年晩夏

JSU-152 Early production model

Unit unknown, 1st Baltic Front Late summer of 1944

ソ連軍車両の標準ともいえる基本色 4BO オリーブグリーンの単色塗装。戦闘室の側面と後面右側に戦術ナンバー “22” を白色で描いている。フェンダー上に細い丸太を 2 本載せている。

JSU-152 後期型

所属部隊不明 第 1 バルト戦線
1944 年晩夏　ラトヴィア

JSU-152 Late production model

Unit unknown, 1st Baltic Front Late summer of 1944 Latvia

JSU-152 の変わった塗装例の一つ。4BO オリーブグリーンの基本色の上に 6K ダークブラウンで大きく丸い迷彩模様を描き、その中に 6RP ブラックの斑模様を配している。戦闘室側面には“25”の戦術ナンバーを白色で記入。機関室上には丸めた布シートなどを積んでいる。

JSU-152 後期型

第 333 親衛重自走砲連隊 第 1 バルト戦線
1944年秋　ラトヴィア

JSU-152 Late production model
333rd Guards Heavy Self-Propelled Artillery Regiment, 1st Baltic Front
Autumn of 1944 Latvia

車体は、標準的な基本色 4BO オリーブグリーンの単色塗装。戦闘室の側面と後面右側に白色で戦術ナンバーの“122”が描かれている。牽引ケーブルは左側フェンダー上に携行している。

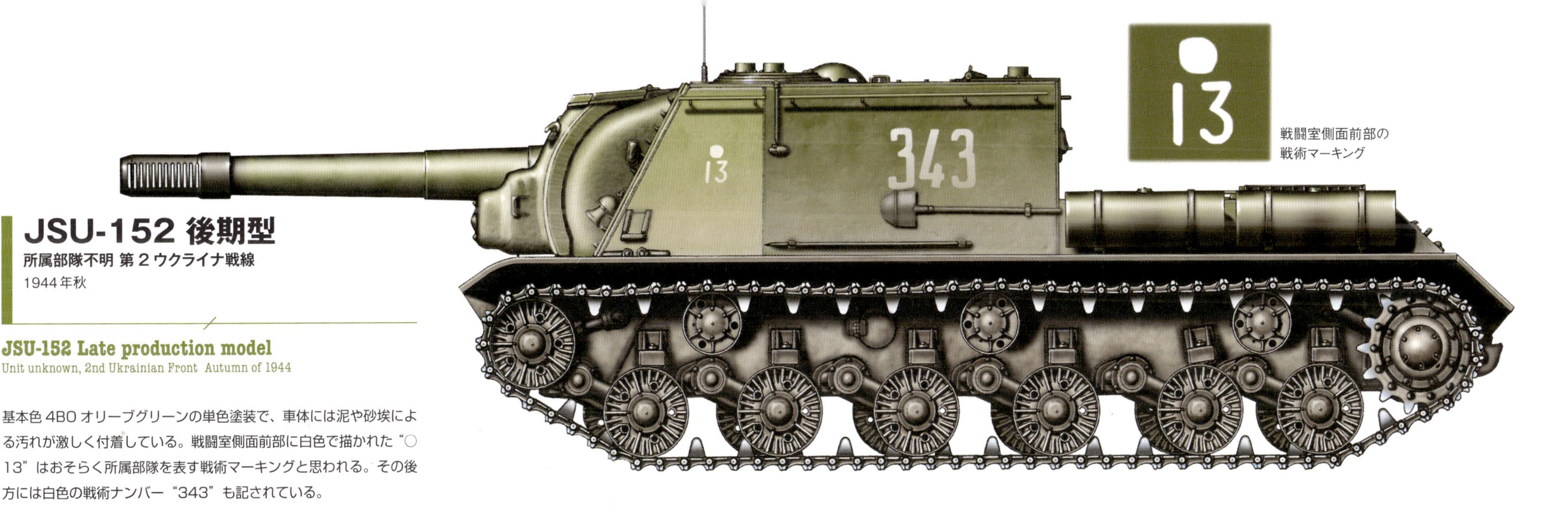

戦闘室側面前部の
戦術マーキング

JSU-152 後期型

所属部隊不明 第2ウクライナ戦線
1944年秋

JSU-152 Late production model

Unit unknown, 2nd Ukrainian Front Autumn of 1944

基本色 4BO オリーブグリーンの単色塗装で、車体には泥や砂埃による汚れが激しく付着している。戦闘室側面前部に白色で描かれた"○13"はおそらく所属部隊を表す戦術マーキングと思われる。その後方には白色の戦術ナンバー"343"も記されている。

JSU-152 後期型

所属部隊不明 第2ウクライナ戦線
1944年11月

JSU-152 Late production model

Unit unknown, 2nd Ukrainian Front November 1944

基本色 4BO オリーブグリーンの上に 7K ライトブラウン / サンドで迷彩を施した2色迷彩。戦闘室側面に白色で"344"の戦術ナンバーが描かれているが、記録写真を見ると、ナンバーにも薄く迷彩色を上塗りしているようにも見える。車体後面に牽引ケーブルを携行。

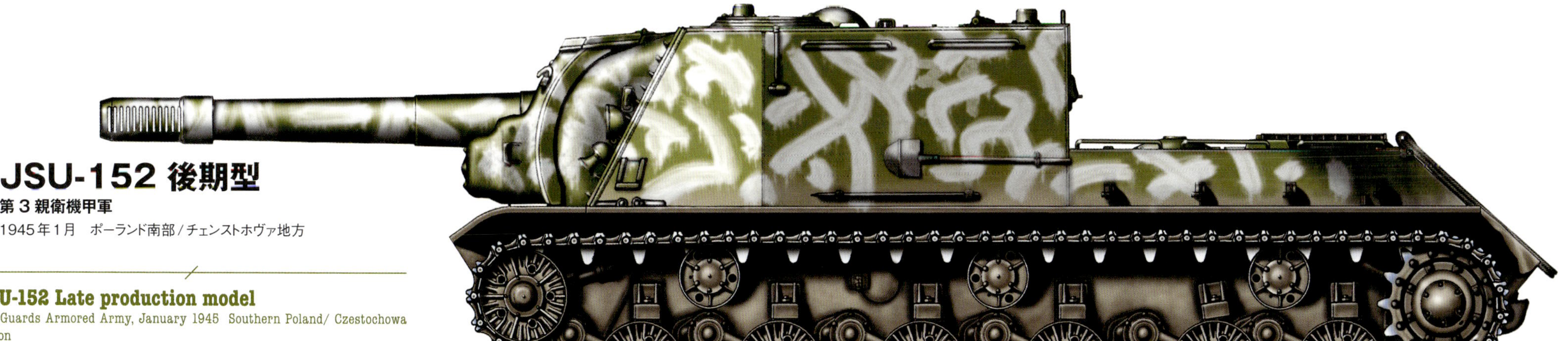

JSU-152 後期型

第 3 親衛機甲軍

1945年1月　ポーランド南部 / チェンストホヴァ地方

JSU-152 Late production model

3rd Guards Armored Army, January 1945　Southern Poland/ Czestochowa region

基本色 4BO オリーブグリーンの上に刷毛で白色塗料をランダムに塗りたくったようなパターンの冬季迷彩が施されている。戦闘室側面の後部に戦術ナンバーが描かれているが、白色塗料が上塗りされており、判読しづらい。

JSU-152 後期型

第 384 親衛重自走砲連隊 第 1 ウクライナ戦線

1945年1月　ポーランド南部 / チェンストホヴァ

JSU-152 Late production model

384th Guards Heavy Self-Propelled Artillery Regiment, 1st Ukrainian Front January 1945　Southern Poland/ Czestochowa

基本色 4BO オリーブグリーンの上に白色塗料を塗布した冬季迷彩が施されているが、かなり白色塗料が色落ちしているように見える。戦闘室側面の前部には白色で“Moskva”（Moscow：モスクワ）を表すキリル文字が描かれている。車体後部には布シートなどを載せている。

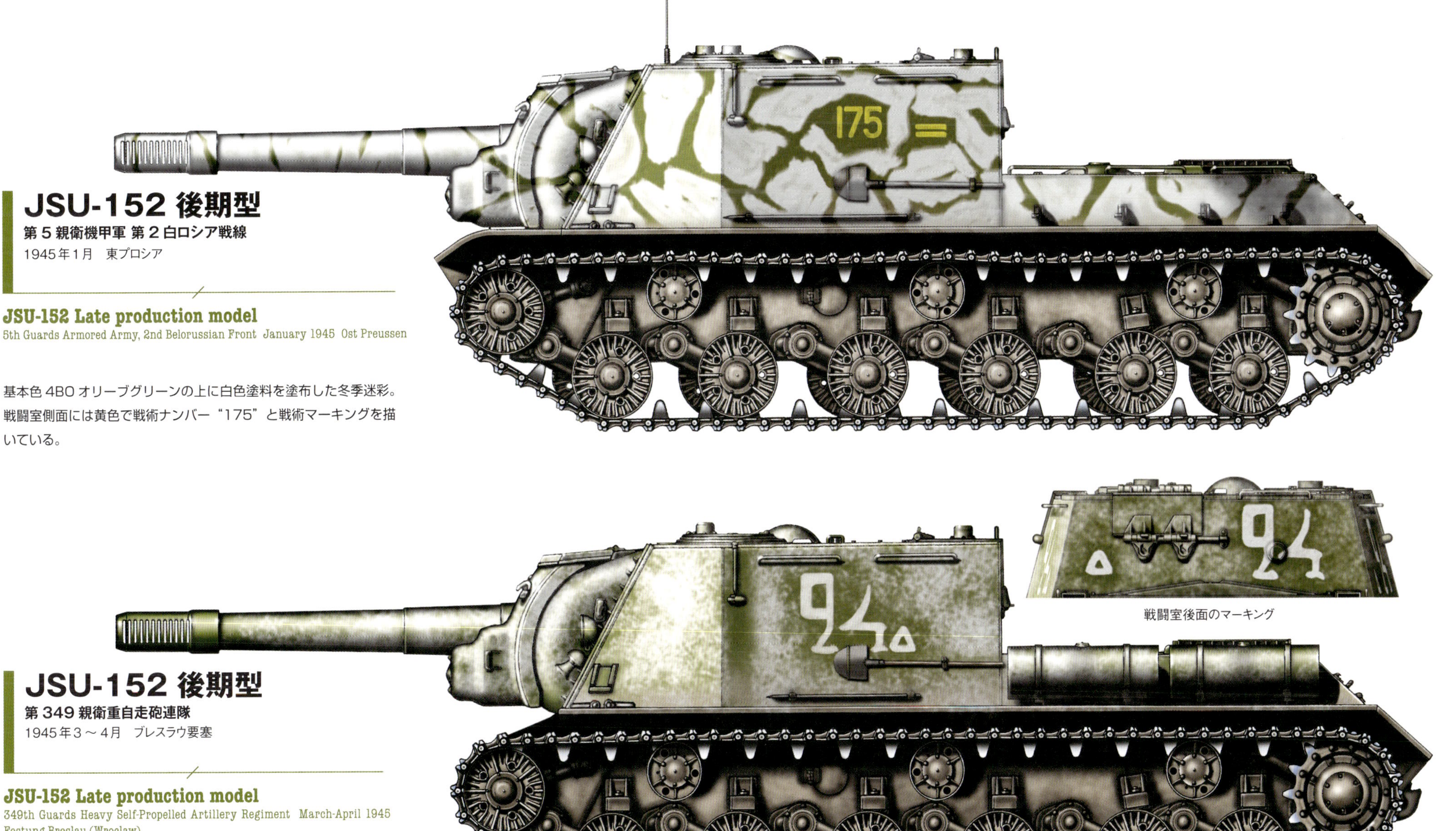

JSU-152 後期型

第 5 親衛機甲軍 第 2 白ロシア戦線
1945年1月　東プロシア

JSU-152 Late production model
5th Guards Armored Army, 2nd Belorussian Front　January 1945　Ost Preussen

基本色 4BO オリーブグリーンの上に白色塗料を塗布した冬季迷彩。戦闘室側面には黄色で戦術ナンバー“175”と戦術マーキングを描いている。

戦闘室後面のマーキング

JSU-152 後期型

第 349 親衛重自走砲連隊
1945年3～4月　ブレスラウ要塞

JSU-152 Late production model
349th Guards Heavy Self-Propelled Artillery Regiment　March-April 1945
Festung Breslau (Wroclaw)

この車両も基本色 4BO オリーブグリーンの上に白色塗料を塗布した冬季迷彩が施されているが、時期的に白色塗料が色落ちし始めている。戦闘室側面と後面右側には白色の戦術ナンバーが描かれているが、かなり変わった書体を用いており、おそらく“94”（あるいは“24”）と思われる。また、戦闘室側面のナンバーの直後には小さな三角の戦術マーキングも記されている。

JSU-152 後期型

第 349 親衛重自走砲連隊

1945年3～4月　ブレスラウ要塞

JSU-152 Late production model

349th Guards Heavy Self-Propelled Artillery Regiment　March-April 1945

Festung Breslau (Wroclaw)

車体は、標準的な基本色 4BO オリーブグリーンの単色塗装。この車両のマーキング記入方法はかなり珍しく、戦闘室側面のみならず、車体前部上面、戦闘室後面、さらに車体後面の計５カ所に戦術ナンバーの“43”と三角のマーキングが大きく白色で描かれている。三角のマーキングは、所属部隊を示す戦術マーキングというよりは、おそらくソ連歩兵に対する識別マーキングと思われる。

JSU-152 後期型

第 345 親衛重自走砲連隊 第 3 白ロシア戦線

1945年4月　東プロシア（おそらくケーニヒスベルク）

JSU-152 Late production model

345th Guards Heavy Self-Propelled Artillery Regiment, 3rd Belorussian Front
April 1945 Ost Preussen / possibly Königsberg

4BO オリーブグリーンを基本色とした標準的な単色塗装。戦闘室側面の戦術ナンバー“12”は赤色のアウトラインが付いた白色の数字で描かれている。車体後面には牽引ケーブルを携行している。

JSU-152 後期型

第 11 親衛軍第 338 親衛重自走砲連隊 第 3 白ロシア戦線

1945年4月　ケーニヒスベルク

JSU-152 Late production model

338th Guards Heavy Self-Propelled Artillery Regiment, 11th Guards Army,
3rd Belorussian Front April 1945 Königsberg

基本色 4BO オリーブグリーンの上に白色塗料を塗布した冬季迷彩が施されているが、時期的に白色塗料が色落ちしている。戦闘室側面には戦術ナンバーの“600”が白色で描かれているが、白色冬季迷彩でも視認しやすいようにオリーブグリーンのシャドーを付けるという、なかなか凝った工夫がなされている。なお、“600”は中隊長の搭乗車両であることを示している。

JSU-152 後期型

所属部隊不明
1945年4月　ベルリン

JSU-152 Late production model
Unit unknown　April 1945　Berlin

標準的な 4BO オリーブグリーンの単色塗装で、戦闘室側面には白色で 2 重三角の戦術マーキングと“344”の戦術ナンバーが描かれている。戦闘室上面の右側ハッチには DShK 重機関銃を装備。フェンダーの前部は欠損、フェンダー後部にも損傷が見られる。

JSU-152 後期型

所属部隊不明
1945年4月　ベルリン地区

JSU-152 Late production model
Unit unknown　April 1945　Berlin area

基本色 4BO オリーブグリーンの上に迷彩色 7K ライトブラウン / サンドを刷毛塗りした特徴的な迷彩パターンが施されている。戦闘室側面には白色で“613”の戦術ナンバーが描かれている。

JSU-152 後期型

所属部隊不明

1945年4～5月　ベルリン地区

JSU-152 Late production model

Unit unknown　April-May 1945　Berlin area

基本色 4BO オリーブグリーンの上に 7K ライトブラウン / サンドを塗布し、2 色迷彩が施されている。戦闘室の側面には "332" の戦術ナンバー、その下に戦術マーキングが白色で描かれているが、かなり色落ちしてしまっている。

JSU-152 後期型

第 25 機甲軍団 第 1 ウクライナ戦線

1945年5月　チェコスロバキア / ラコブニク

JSU-152 Late production model

25th Armored Corps, 1st Ukrainian Front　May 1945　Czechoslovakia/Rakovnik

基本色 4BO オリーブグリーンの単色塗装。戦闘室側面には戦術ナンバー "319" とその下に戦術マーキングを白色で記入。さらに砲身には "Wpieried na Berlin"（Forwards for Berlin：ベルリンを目指して）、戦闘室には "Dayesh Berlin"（Give Berlin：ベルリンを引き渡せ）を表したキリル文字のスローガンも白色で描かれている。戦闘室上面の右側ハッチには DShK 重機関銃を装備、機関室上には丸めた布シートなどを積んでいる。

砲身に描かれたスローガン

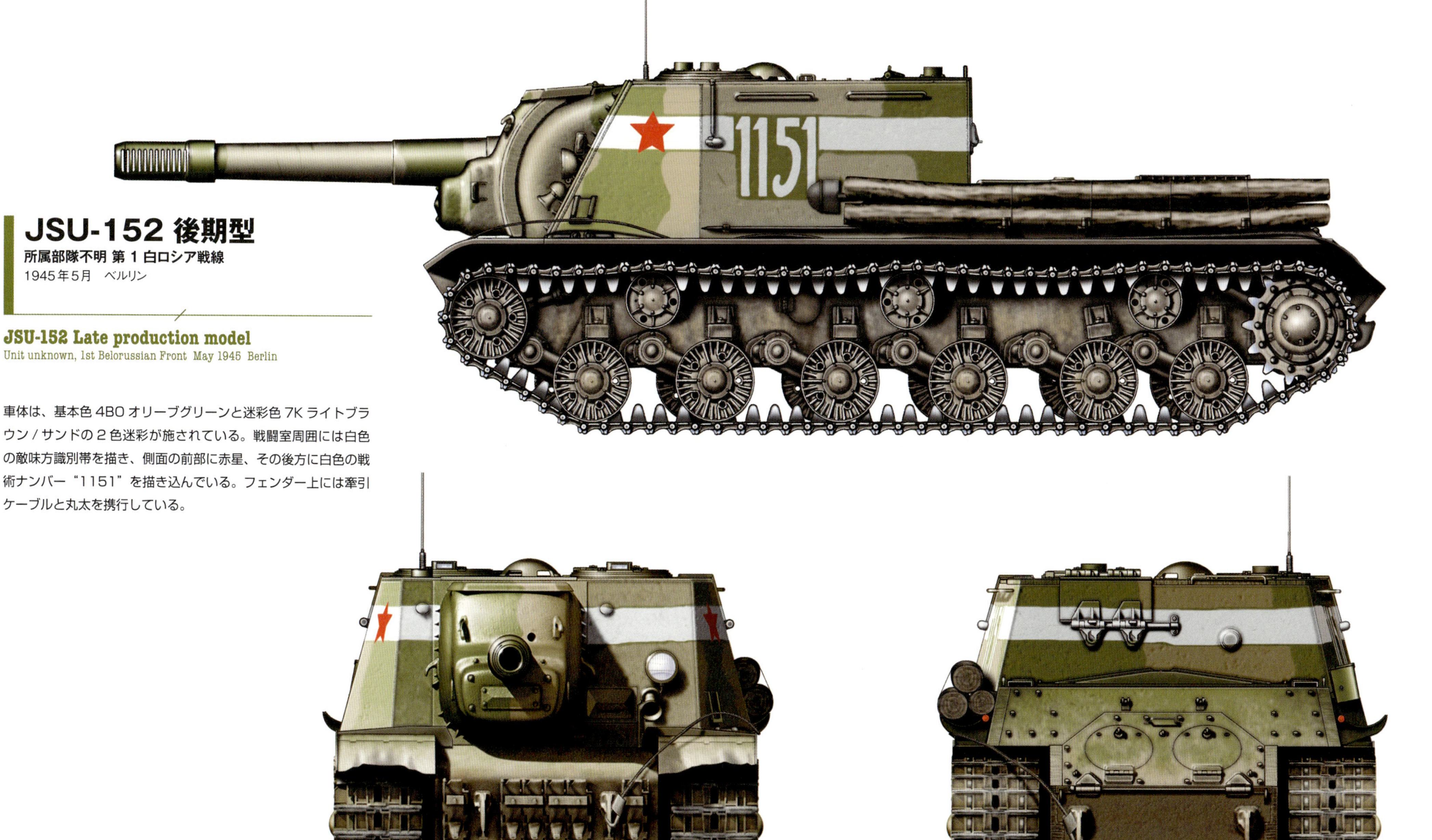

JSU-152 後期型

所属部隊不明 第 1 白ロシア戦線
1945年5月　ベルリン

JSU-152 Late production model
Unit unknown, 1st Belorussian Front May 1945 Berlin

車体は、基本色 4BO オリーブグリーンと迷彩色 7K ライトブラウン / サンドの 2 色迷彩が施されている。戦闘室周囲には白色の敵味方識別帯を描き、側面の前部に赤星、その後方に白色の戦術ナンバー“1151”を描き込んでいる。フェンダー上には牽引ケーブルと丸太を携行している。

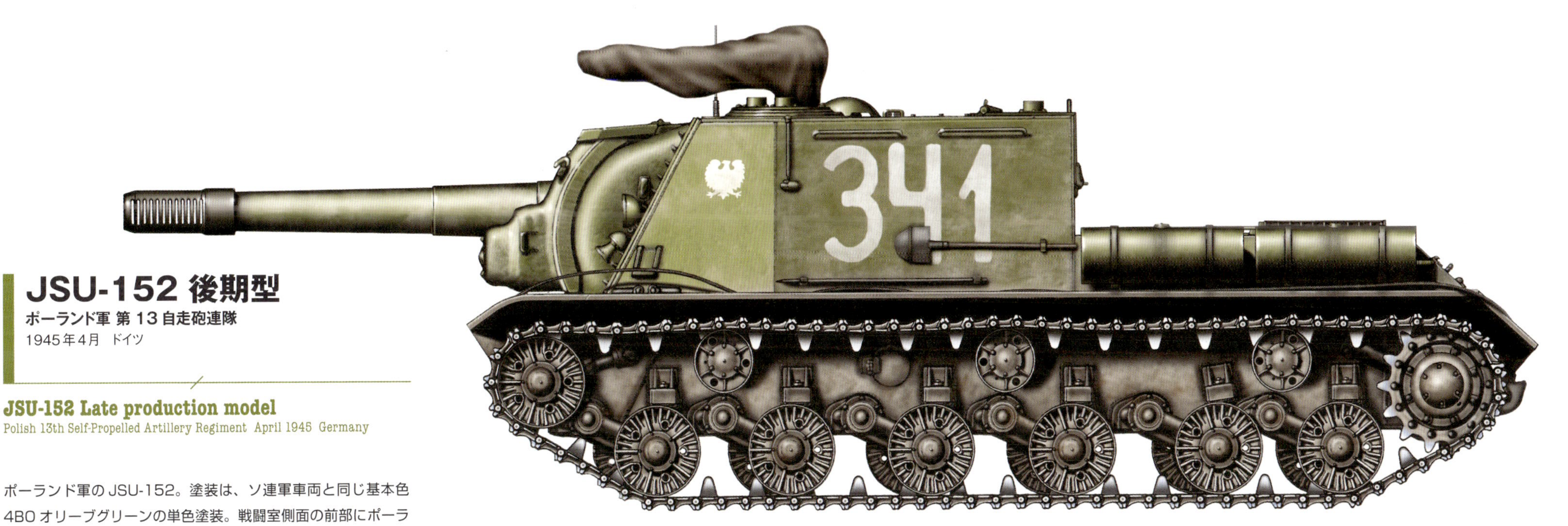

JSU-152 後期型

ポーランド軍 第 13 自走砲連隊
1945年4月　ドイツ

JSU-152 Late production model

Polish 13th Self-Propelled Artillery Regiment　April 1945　Germany

ポーランド軍のJSU-152。塗装は、ソ連軍車両と同じ基本色4BO オリーブグリーンの単色塗装。戦闘室側面の前部にポーランド軍国籍標識の“白い鷲”、戦闘室の側面と後面右側には白色の戦術ナンバー“341”をかなり大きく描いている。戦闘室上面の右側ハッチには DShK 重機関銃を装備。フェンダー上に牽引ケーブルを携行している。

戦闘室後面の国籍標識

戦闘室前面
左側の国籍標識

JSU-152 初期型

フィンランド軍 所属部隊不明
1944年6月 ピエトロフカ

JSU-152 Early production model

Finnish Army, Unit unknown June 1944 Pietrovka

1944年6月25日、ピエトロフカ近郊の戦闘においてフィンランド軍が鹵獲したJSU-152。フィンランド軍は鹵獲後、再整備を行い、自軍部隊で使用した。鹵獲時の塗装は、基本色4BOオリーブグリーン単色塗装だったが、再整備時にブラウンとグレーを用いて迷彩が施され、さらに戦闘室の前面左側と側面、後面右側には、フィンランド軍国籍標識のハカリスティが大きく描かれている。

JSU-152 後期型

エジプト軍 所属部隊不明
1973年 スエズ運河地区

JSU-152 Late production model

Egyptian Army, Unit unknown 1973 Suez Canal area

車体には、サンド系の基本色の上にブラウン、グリーン、グレーで迷彩を施した４色迷彩が施されている。マーキング類は描かれていない。

JS重戦車/JSU重自走砲の部隊配備&塗装とマーキング

JS-1、JS-2及びJSU-152、JS-122は、大戦後期の1944年以降、東部戦線で活躍した。他のソ連軍車両と同様にJS重戦車、JSU重自走砲も4BOオリーブグリーンを基本色とした単色塗装が多いが、ソ連軍車両らしく砲塔や戦闘室に描かれた戦術マーキングやナンバー、スローガン、識別帯などに特徴が見られる。また、他国で使用された車両も大半が4BOオリーブグリーンを基本色としていたが、独自の迷彩やマーキングを施した車両も見られた。

■解説:プシェミスワフ・スクルスキ ■Described by Przemyslaw Skulski

ソ連軍部隊への配備状況

【JS重戦車】

JS重戦車は、独立親衛重戦車連隊で運用され、各連隊には通常21両が配備されていた。1945年には48個もの独立親衛重戦車連隊が編成されている。1944年末~1945年初頭までにソ連軍は、8個の独立親衛重戦車旅団を編成する。各旅団は3個連隊から成っており、旅団全体では計65両のJS重戦車を運用していた。

1944年初頭に最初の量産型JS-1が、第1ウクライナ戦線(第1ウクライナ方面軍)麾下の第1、第29、第58独立親衛重戦車連隊、さらに第2ウクライナ戦線麾下の第8、第13独立親衛重戦車連隊に配備され、同年2月半ば、ウクライナ・コルスン地区のドイツ南方軍集団に対する戦闘に投入される。これがJS重戦車の初陣となった。その後、JS重戦車は、1944年夏のバグラチオン作戦や1945年1月の大攻勢、4~5月のベルリン侵攻戦などのような最重要地域での戦闘に投入されていく。戦場では、JS重戦車は常に戦線突破の任を担い、敵の陣地、火砲、建物の破壊など突撃するソ連歩兵の支援を行った。また、強力な122mm砲はドイツ軍のティーガー、パンターの撃破も可能だった。第71独立親衛重戦車連隊のウダロフ中尉や第57独立親衛重戦車連隊のレズニコフ中尉などはJS重戦車で大きな戦果を挙げたエースとして知られている。JS重戦車は、ブダペスト、リガ、ダンチィヒ、プラハ、ドレスデン、ブランデンブルク、ベルリンといった要衝の攻略に大きな働きを見せた。その一方で、市街地では敵のパンツァーファーストやパンツァーシュレックといった歩兵携行の対戦車兵器により大きな損失も被っている。

第二次大戦時は、ソ連軍の他にポーランド軍とチェコスロバキア軍にもJS-2が配備された。さらにドイツ軍も少数だが、鹵獲後に自軍部隊に配備して戦闘に使用している。戦後は、東ドイツ、ハンガリー、中国、北朝鮮などにも供与された。また、興味深いエピソードとして南オセチア軍が1995年の紛争時にJS-2を使用していたことが確認されている。

【JSU重自走砲】

1944年初頭からソ連軍重自走砲連隊では、SU-152からJSU-152への装備変更が進められ、さらに数カ月後にはJSU-122の部隊配備も始まった。この時期、これらの部隊は新しい規定に沿って改編が実施され、親衛部隊扱いとなる。ソ連軍は、終戦までに56個の重自走砲連隊を編成し、通常1個連隊にはJSU-152あるいはJSU-122のどちらかが21両配備されたが、中にはJSU-152とJSU-122の両方を混成装備している連隊もあった。JSU重自走砲の部隊として特殊な例として、1945年3月1日に編成された第66親衛重自走砲旅団を挙げることができる。同旅団は、ソ連軍で唯一の重自走砲旅団だったが、65両のJSU-122と3両のSU-76Mで編成されていた。

重自走砲連隊は、機甲部隊や歩兵部隊の支援を任務としていたが、JSU重自走砲は敵の砲陣地や歩兵への攻撃のみならず、装甲車両の攻撃にもかなり有効で、特にJSU-122は駆逐戦車として優れた性能を示した。例えば、1945年4月19日のベルリン侵攻戦では、第388狙撃師団の支援に当たっていた第360親衛重自走砲連隊は、少なくとも10両以上のドイツ戦車を撃破している。JSU重自走砲を装備した連隊は、ケーニヒスベルク、ブレスラウ、ポズナン、そしてベルリンなど要衝攻略において重要な役割を担った。

第二次大戦時、ソ連軍のみならず、ポーランド軍も2個連隊にJSU重自走砲を配備した。また、フィンランド軍はJSU-152 2両を鹵獲し、内1両を自軍部隊に配備し、戦闘に使用している。戦後はチェコスロバキア軍やエジプト軍にもJSU-152が供与された。

塗装と各種マーキング

【ソ連軍】

JS-1、JS-2重戦車とJSU-122、JSU-152重自走砲も他のソ連軍車両と同様に基本色の4BOオリーブグリーンを車体全面に塗布した単色塗装が標準だった。しかし、一口に4BOオリーブグリーンといっても記録写真を見ると、車両によってその色調に若干の違いが見られる。当時、塗料はいくつかの工場で造られていた。各工場において原料のピグメントにペトロールを加えて希釈し、ペースト状の塗料を造っていたが、その際に加えるペトロールの割合の違いにより、4BOオリーブグリーンの場合は、グリーンが強くなったり、オリーブが強くなったりすることによって色調の違いが生じていた。

JS重戦車、JSU重自走砲の多くは、4BOオリーブグリーンの単色塗装だったが、迷彩塗装を施した車両もあった。しかし、迷彩塗装と思しき車両もよく見ると、付着した砂埃や泥汚れがそのように見えているという例は少なくない。ロシア側の記録や現存する記録写真を詳細に調べると、JS重戦車、JSU重自走砲の迷彩塗装は、次のように分類できる。

○迷彩効果を出すために4BOオリーブグリーンの単色塗装の車体に意図的に泥を塗り付けている。この簡単な手法は、1944~1945年の期間中、多くの部隊で用いられていた。

○4BOオリーブグリーンの上に6Kダークブラウンを塗布した2色迷彩。迷彩色6Kダークブラウンの塗布面積は車体の約25%とするとされていたようだが、当然のことながら戦場では規定どおりに行われていない。この6Kダークブラウンによる迷彩は比較的大きなパターンで描かれているものが多いが、中には細い斑状パターンなども見られる。

○4BOオリーブグリーンの上に7Kライトブラウン/サンドを塗布した2色迷彩。7Kライトブラウン/サンドを用いた迷彩には様々なパターンが見られる。車体の約25%に大きな模様の迷彩を施したもの、小さい斑点模様を車体全体に濃密に配したもの、さらに細い帯による波状や斑状模様などがある。

○基本色の4BOオリーブグリーンの上に6Kダークブラウンと7Kライトブラウン/サンドで迷彩を施した3色迷彩。3色迷彩を施した車両は比較的少なく、その一例として1944年夏の第4親衛機甲軍麾下の連隊車両などに見られる。

○4BOオリーブグリーンの上に6Kダークブラウン、7Kライトブラウン/サンド、さらに6RPブラックを用いて迷彩を施した4色迷彩。記録写真でこの4色迷彩が確認できるのは、1944年夏の第4親衛機甲軍第374親衛重自走砲連隊のJSU-152のみである。

冬季には、他のソ連軍車両と同様にJS重戦車、JSU重自走砲においても冬季迷彩が見られる。冬季迷彩には主に石灰、石膏、白亜(チョーク)と少量の接着剤を混ぜて造られた、"Bタイプ"と呼ばれる白色塗料が使用された。この白色塗料は、大きな袋や缶のような金属容器に入れて供給され、塗料を湯で溶かして使用した。しかし、この塗料は耐久性がなく、色落ちしやすいのが難点だった。実際、記録写真でも白色塗料が色落ちし、下地の4BOオリーブグリーンが露出している車両が多く見られる。ソ連の資料によると、1944～1945年の冬季には、油溶性ペーストと接着剤を混ぜた新しい白色塗料も使用されている。

しかし、常にこうした専用の白色塗料が使用されていたわけではなく、物資供給が滞りがちな前線では、普通の石灰をそのまま使用して冬季迷彩を施すことも多かったようだ。冬季迷彩は、車体全体を白く塗布している車両もあれば、帯状あるいは斑状に白色を塗った車両もある。また、刷毛塗りで行われることが多かったために迷彩の仕上がりは車両によって様々だった。

個々の車両の識別には、戦術ナンバーが使用された。戦術ナンバーは、通常2～4桁表記を採用しており、1桁表記は非常に少なかった。また、車両識別には"B18"、"I-12"、"W123"のようなキリル文字と数字を組み合わせた戦術コードも多用されている。こうしたマーキングは、砲塔側面(自走砲は戦闘室側面)に描かれていたが、砲塔後面にも記入していた車両も多く、また、例えば第7"ノヴゴロド"独立親衛重戦車旅団所属の車両は、車体前面にもナンバーを描いている。戦術ナンバーや戦術コードなどは、通常、白色で描かれていたが、稀に黄色や赤色が使われた車両も見られる。また、白色の冬季迷彩を施した車両では、マーキングを目立たせるために赤色や黄色の他に黒色も使われている。その一方で、例えば1945年初頭に見られる第70独立親衛重戦車連隊のように戦術ナンバー、戦術コードといったものを使用していない部隊もあった。また、記録写真では砲塔に"赤星"を描いた車両も確認できる。そうした車両の大半は、赤星を小さく記入していた。

1944年以降、ソ連装甲部隊は、所属部隊を表す戦術マーキングも多用している。戦術マーキングは、各部隊でかなり自由に適用されたようで、そのためかなり複雑で分かりにくい。戦術マーキングは、軍団レベルで表記システムが定められていたといわれており、確かに機甲軍団や機械化軍団で規定されたマーキングも見られるが、記録写真では、機甲軍あるいは旅団レベルで定められたマーキングも確認できる。

通常、戦術マーキングは、円形や四角、ダイヤモンド形あるいは三角形といった幾何学的な図形が用いられていたが、さらに複雑な図形を採用していた部隊もあった。例えば、第25機甲軍団のマーキングは、白色の円の中に十字を配したものだった。また、幾何学的な図形の中に所属部隊や車両ナンバーを示す数字を描いたものも見られる。そうした好例として第1親衛機甲軍を挙げることができる。第1親衛機甲軍では、ダイヤモンド形のアウトラインの中央に水平線を描き、上段に所属部隊を示すナンバーを、下段に車両ナンバーを描いていた。その他、図形の中に軍団や旅団、連隊を示すキリル文字を記した部隊もある。第7親衛機械化軍団では、ダイヤモンド形の中にキリル文字の"D"を描いている。

こうした幾何学的な図形の他に、第7"ノヴゴロド"独立親衛重戦車旅団では、"赤星"と"白熊"を組み合わせたマーキングを、また、第338親衛重自走砲連隊では、"白い矢"をマーキングとして用いていた。戦術マーキングも通常、白色で描かれていたが、稀に黄色や赤色で描かれている車両もある(特に白色冬季迷彩を施した車両に見られる)。

大戦末期には、友軍の地上部隊や攻撃機からの誤射・誤爆を防ぐために敵味方を素早く識別できるようなマーキングも導入される。よく知られた例として1945年4～5月のベルリン侵攻戦に用いられた白色の敵味方識別帯を挙げることができる。ベルリン侵攻戦では、砲塔や戦闘室の周囲に白帯が描かれていた。中にはさらに砲塔上面にも白い十字帯を描いた車両も見られる。砲塔上面の識別帯はソ連軍の地上攻撃機だけでなく、ベルリン近郊で活動するアメリカ軍機やイギリス軍機に対しても有効だった。また、同様の白色の識別帯は、1945年春頃にチェコスロバキアで活動していた車両にも採り入れられている。さらに同時期チェコスロバキアで作戦に従事していたJS-2連隊の中には、砲塔上面に白い三角の識別マーキングを描いた車両も見られる。

JS重戦車やJSU重自走砲においても様々なネームやスローガンを大きく描いた車両が確認できる。例えば、"Wpieried na Berlin"(ベルリンを目指して)や"Dayesh Berlin"(ベルリンを引き渡せ)、さらに"Za Stalina"(スターリンのために)のようなものもあれば、"A.Nevskiy"(中世ロシアの英雄)、"Moskva"(モスクワ)、"Boyevaya Podruda"(戦友)、"Imeni Mikoyana"(ミコヤンに敬意を表して)といった愛国的なもの、さらに"Severomoriec"や"Vladimir Mayakowski"などの団体や個人からの献金によって寄贈された車両であることを示すものなど様々だった。

【ポーランド】

JS-2とJSU-122、JSU-152はポーランド軍によっても使用されている。第二次大戦時のポーランド軍車両の塗装は、ソ連軍と同じ4BOオリーブグリーンを基本色とした単色塗装だった。大戦後、基本色はポーリッシュ・カーキ(4BOよりも少しグリーン色が強い)に変更されている。

また、迷彩塗装は、1950年代後期から1960年代初頭にかけて試験的に導入された("1713"号車には、ポーリッシュ・カーキの基本色の上にブラウンの帯状迷彩を施した2色迷彩が施された)ものの制式化には至っていない。ただし、大戦時の冬季には、ポーランド軍車両もソ連軍と同様に白色塗料(または石灰)を用いた冬季迷彩が施されている。冬季迷彩のパターンは様々で、戦術ナンバーが見えなくなるほど白色塗料を上塗りした車両もあれば、白色を帯状や斑状パターンに塗布した車両も見られる。

ポーランド軍は、国籍標識としてポーランド国章の"白い鷲"を用いており、JS-2では砲塔の側面にそれを描いていた。大戦時、ポーランド軍では、第4独立重戦車連隊と第5独立重戦車連隊がJS-2を使用していたが、第4連隊車両の国籍標識は、白縁が付いた赤い菱形の中に"白い鷲"を配したものが使われている。

戦術ナンバーは、白色(稀に黄色も見られる)で3桁または4桁で表記されており、JS-2の場合は、砲塔側面の国籍標識の後方に描かれている。第4連隊では当初、"4100"、"4323"、"4411"などのように4桁表記を採用しており、最初の数字は所属連隊を、2番目の数字は小隊、下2桁は個々の車両ナンバーを表していた。ちなみに"4000"は連隊長車両を示す。しかし、1945年3月には3桁表記への規定変更により砲塔側面に描かれていた戦術ナンバーの末尾1桁を消して(オリーブグリーンを上塗りして)"411"、"431"、"444"などに改められている。また、第5連隊では"5"で始まる4桁表記の戦術ナンバーを使用し、連隊長を表す"5000"を始め、"5123"、"5223"などが描かれていた。

JSU重自走砲は、マーキング類の規定がJS-2と異なっている。JSU-122は、第25自走砲連隊に配備され、戦闘室側面の中央上部に国籍標識の"白い鷲"を描き、その下に戦術ナンバーを記入していた。戦術ナンバーは3桁表記で、各車両には"700"から"721"("715"は欠番)が用いられている。第二次大戦後は、マーキングの記入規定が変更され、戦闘室側面の前部に国籍標識、その後方に3桁または4桁の戦術ナンバーが描かれるようになった。1940年代後期から供与されたJSU-122Sも同様だった。

JSU-152は、大戦時に9両が第13自走砲連隊に配備されている。それらは戦闘室側面の前部に国籍標識、後部に"3"で始まる白色3桁の戦術ナンバー("330"、"333"、"341"など)を描いていた。中には、戦闘室後面右側にも戦術ナンバーを描いた車両も見られる。大戦後もこうした表記方法はほぼ変わっていない。

さらにポーランド軍のJS-2、JSU重自走砲の中には、砲塔や砲身に"X"の撃破マークを記した車両も見られる。しかしながら、そうした撃破マークは終戦後に記入されたようだ。ソ連軍車両でお馴染みのネームやスローガンの類いはポーランド軍車両ではほとんど見られず、"Tadeuz"のネームを砲塔側面の前部に描いていた、第5独立親衛重戦車連隊のJS-2戦術ナンバー"5100"のみ記録写真で確認できるに過ぎない。

【チェコスロバキア】

チェコスロバキア軍は、1945年にソ連軍の第42独立親衛重戦車旅団から8両のJS-2を譲り受け、自軍の第1独立チェコスロバキア戦車旅団に配備した。チェコスロバキア軍のJS-2は、ソ連軍塗装そのままで、基本色4BOオリーブグリーンの単色塗装である。一部の資料・文献によると4BOオリーブグリーンとブラウン（おそらく6Kダークブラウン）の2色迷彩だったと記されているが、記録写真ではそれを確認できない。砲塔側面の前部にチェコスロバキア軍の国籍標識＝赤・白・青のラウンデルを、その後方に白い3桁表記の戦術ナンバー（記録写真では"112"、"113"、"114"、"115"、"116"、"118"、"119"、"120"、"129"などが確認できる）が描かれていた。第二次大戦後のJS-2は、戦術ナンバーが1桁表記（例えば"4"など）となっている。

戦後にチェコスロバキアは、ソ連から36両のJSU-152を購入し、TSD-152（TSD=Tezke Samohybne Delo：重自走砲を意味するチェコ語）のチェコスロバキア軍制式名称を与え、ストラシツェの第1重自走砲連隊に配備した。配備当初はソ連軍基本色の4BOオリーブグリーンの単色塗装だったが、後にチェコスロバキア軍制式色(4BOよりもグリーンの色調が強い)に変更されている。また、戦術ナンバーは戦闘室前面の左上部に黒い帯を描き、その中に5桁表記(例えば"85557"など）で記されていた。1956年に同連隊は解隊となり、TSD-152は軍保管所に移送される。

【ドイツ】

ドイツ軍は大戦末期の1944～1945年に少数のJS重戦車とJSU重自走砲を鹵獲した。それらの内、何両かはドイツ装甲部隊で使用されている。それらの車両のほとんどは、再塗装されることなく、ソ連軍塗装そのままだったが、味方の地上部隊や攻撃機からの誤射・誤爆を防ぐために車体や砲塔にドイツ軍国籍標識のバルケンクロイツを大きく描いていた。

【東ドイツ】

戦後、ソ連占領下で新生した東ドイツ（ドイツ民主共和国）は、1950年代初頭にソ連から47両のJS-2を供与される。当初は、兵営人民警察(Kasernierten Volkspolizei）と呼ばれた準軍事組織だったが、1956年3月には東ドイツ軍（正式な名称は国家人民軍=Nationale Volksarmee、略称はNVA）となり、JS-2は第14戦車連隊と第21戦車連隊に配備され、1960年代まで使用された。

東ドイツ軍車両は、配備当初はやはりソ連軍制式色の4BOオリーブグリーンの単色塗装だったが、後に東ドイツ軍制式色のジャーマン・グリーンに変更されている。砲塔側面には2桁または3桁の戦術ナンバーを白色で描いており、さらに砲塔側面に同ナンバーとともに東ドイツ軍国籍標識を描いた車両もあった。

【フィンランド】

フィンランド軍は、1944年6月にピエトロフカでの戦闘において2両のJSU-152を鹵獲している。その内の1両、戦術ナンバー"1212"は、2発の命中弾を受けていたため、ヴァルカウスにあった整備場に搬送され、そこで主砲のML-20S 152mm砲を取り外し、戦車回収車に改造された。JSU-152Vのフィンランド軍制式名称と"Ps.745-1"の車両ナンバーが与えられ、塗装は同軍制式色のモスグリーンに再塗装された。JSU-152Vは、1964年まで使用された後、パロラ戦車博物館に移管されている。

もう1両のJSU-152は、履帯の破損のみだったために直に修理を終え、フィンランド軍部隊に配備、戦闘に投入された。しかし、わずか4日後の1944年6月29日にコルヒ近郊での戦闘においてソ連軍のT-34-85に撃破されてしまう。この車両は、元は4BOオリーブグリーンの単色塗装だったが、再整備の際にブラウンとグレーで迷彩が加えられ、さらに戦闘室の前面と側面、後面右側にフィンランド軍国籍標識ハカリスティが大きく描かれている。

【ハンガリー】

ハンガリー軍は、戦後の1950年にソ連から68両のJS-2を受領するが、1956年のハンガリー動乱後に全車両をソ連に返還することを余儀なくされる。ハンガリー軍車両の塗装とマーキングに関する詳細は不明だが、4BOオリーブグリーンの単色塗装で、白い3桁の戦術ナンバーを描いていたと思われる。

【中国】

中国軍(中国人民解放軍)のJS-2に関する情報は少なく、いくつかの資料・文献によると少数のJS-2がソ連から供与され、1950年に始まった朝鮮戦争では中国軍のJS-2が戦闘に参加したとされている。中国軍のJS-2は、ソ連軍車両と同じ4BOオリーブグリーンの単色塗装で、3桁の戦術ナンバー（"202"、"203"、"204"、"431"、"432"など）を砲塔側面に白色で描いていた。朝鮮戦争では、戦術ナンバーのみで国籍標識は描かれていなかったが、1952年に行われた北京での軍事パレードに参加した車両は、砲塔側面に中国軍国籍標識の"赤星"が描かれている。

【北朝鮮】

朝鮮戦争時、北朝鮮軍は2個連隊にJS-2を配備していたとされている。しかし、それらの車両は戦闘には使用されなかったようだ。北朝鮮のJS-2も4BOオリーブグリーンの単色塗装で、砲塔側面に3桁の戦術ナンバーを白色で描き、さらに何両かには"赤星"も描いていた。

【エジプト】

エジプト軍は1960年代初頭、JSU-152を1個連隊に配備した。1973年の第四次中東戦争の最中、それらJSU-152はスエズ運河防衛のため運河脇の堤防上の陣地に配備され、イスラエル軍に砲撃を加えている。エジプト軍のJSU-152には、サンドの基本色の上にオリーブグリーンを塗布した2色迷彩やサンド、ブラウン、オリーブグリーンの3色迷彩、さらにグレーを加えた4色迷彩が施されていた。

【キューバ】

1960年代初頭にキューバ軍はソ連からJS-2Mを供与され、2個連隊に配備した。それらの車両は、ソ連軍と同じ4BOオリーブグリーン単色塗装で、砲塔側面には3桁の戦術ナンバーを白色で描いていた。資料・文献によると、最近まで何両かが沿岸防衛砲撃陣地に配備されていたと記されている。

JS重戦車/JSU重自走砲 戦場写真

■写真：プシェミスワフ・スクルスキ、ツビグニュ・ララック、セントラル・ステイト・ピクチャー／ウクライナ映像媒体公文書館
■解説：プシェミスワフ・スクルスキ

■ Photos : Przemyslaw Skulski, Zbigniew Lalak, Central State Picture / Movie and Media Archive of Ukraine
■ Described by Przemyslaw Skulski

1

2

【JS-1（JS-85）】

写真1-4：85mm戦車砲D-5Tを搭載したJS-85量産1号車。1943年8月8日に試作車両オブイェークト237が完成し、同月末にテストを終えた後、“JS-85”として制式採用される。後に122mm砲搭載のJS-122が“JS-2”に改称されたのに伴い、JS-85は“JS-1”の制式名に変更された。

写真5：JS-1の量産型。車体には、冬季迷彩が施されている。

6

7

8

【JS-2】

写真6：T型のマズルブレーキを装着したJS-122の試作車両オブイェークト240。JS-122は後に"JS-2"の制式名に改称される。

写真7：JS-2極初期生産型の1943年型。ドイツ戦車に似た、いわゆる"ジャーマン・タイプ"と呼ばれる複孔式のマズルブレーキを装着している。

写真8：JS-2初期生産型の1943/44年型。TsAKB設計による新型のマズルブレーキに変更している。

写真9：JS-2後期生産型の1944/45年型。前1944年型では、半自動閉鎖機を備えた改良型のD-25Tとし、防盾の幅も拡大、砲塔上面前部のペリスコープをPT4-15からMK-4に変更したが、さらにこの1944/45年型では、車体前面の形状が大きく変わり、被弾経始に優れた傾斜装甲となった。

写真10：JS-2最後期型の1945年型。車長用キューポラを新型に変更し、1944/45年型後期生産車から装備され始めたキューポラ上の対空用DShK重機関銃をほとんどの車両で装備されるようになった。

写真11：JS-2の後部機関室からV-2IS（V-11）ディーゼルエンジンを降ろし、分解・整備しているところ。

12

13

写真12：1944年8～9月のラトヴィアにて歩兵の突撃を支援するJS-2 1944年型。所属部隊は不明だが、第1バルト戦線（第1バルト方面軍）麾下の重戦車連隊車両で、砲塔側面には戦術ナンバーの"35"を大きく描いている。

写真13：1944年夏頃、街道を進撃中のJS-2 1943/44年型。砲塔前部の左右に"赤星"が描かれていることに注目。

写真14：1945年2月、ポーランド西部の都市、ポズナンのゴルナ・ウィルダ通りで待機中の第34独立親衛重戦車連隊のJS-2 1944/45年型。塗装は、標準的な基本色4BOオリーブグリーンの単色。

14

写真15：1945年春のドイツ国内。街道脇で待機するJS-2の車列。先頭の1944/45年型の砲塔側面には“27”の戦術マーキングが描かれている。また、多くの車両がキューポラ上にDShK重機関銃を装備している。
写真16　車体後部に跨乗歩兵を乗せ進撃するUZTM製車体のJS-2 1945年型。砲塔側面の前部に“301”の戦術ナンバーを描いている。

写真17：1945年5月、ベルリン市内で待機中のソ連戦車部隊（左脇にJS-2、右脇にはT-34が並ぶ）。左手前のJS-2の砲塔には対パンツァーファースト用の金網を装着している。

写真18：1945年4～5月頃のブレスラウ要塞。戦闘の合間にくつろぐ第87独立親衛重戦車連隊の戦車兵たち。後方に見える彼らのJS-2は、砲塔側面と後面に戦術ナンバーの"537"を描いている。

写真19：1945年3月のドイツ国内で行動する第1親衛機甲軍第8親衛機械化軍団第48独立親衛重戦車連隊所属のJS-2 1944/45年型。車体は、4BOオリーブグリーンの単色塗装で、砲塔側面の中央には黄色の戦術マーキング、その前後には"Miest za brata geroya"(Revenge for brother heros：英雄である兄弟たちの仇を討て)を表すキリル文字のスローガンを描いている。

写真20：第3機甲軍第57独立親衛重戦車連隊所属と思われるJS-2 1944/45年型。砲塔側面の前部に白い円と縦棒を組み合わせた戦術マーキングを描いている。その後方の戦術ナンバー（最初の数字は"1"）は布シートに隠れて判読不能。1945年4月のドイツ国内。

写真21：1945年4～5月、ベルリン戦のJS-2 1945年型。砲塔の周囲と上面に白色の識別帯、側面前部には“13”の戦術ナンバーを描いている。
写真22：第3機甲軍第57独立親衛重戦車連隊と思われるJS-2。キューポラにDShK重機関銃を装備し、砲塔後部の機銃マウントの張り出しに筋状のリブを持つ1945年型で、砲塔の後面（と側面）には戦術ナンバー“103”と戦術マーキングが白色で描かれている。1945年4月、ベルリン地区。
写真23：廃墟と化したベルリン市内の通りに留まるJS-2 1944/45年型。砲塔には白色の敵味方識別帯が描かれている。
写真24：1945年5月のベルリン陥落時、ベルリンの象徴、ブランデンブルク門の前で撮影に興ずるソ連兵士たち。後方のJS-2は、第7“ノヴゴロド”独立親衛重戦車連隊所属の1944/45年型。砲塔側面の白色の識別帯と連隊マーク、戦術ナンバー“414”、さらに車体前面に描かれた戦術ナンバーも確認できる。

写真25：ベルリンのもう一つの象徴、戦勝記念塔（ジーゲスゾイレ）の前で勝利に歓喜するソ連兵士たち。このJS-2にも、ベルリン戦でお馴染みの白色の識別帯が描かれている。

写真26-27：終戦直後の1945年後期。ドイツ駐留ソ連占領軍のJS-2 1944/45年型及び1945年型。

写真28　1945年春、ポーランド軍第4独立重戦車連隊のJS-2 1944/45年型。ソ連軍車両と同じ4BOオリーブグリーンの単色塗装で、砲塔側面の前部には同連隊特有の国籍標識＝白縁付きの赤い菱形の中に“白い鷲”が描かれている。
写真29：1945年3月、ポーランド軍第4独立重戦車連隊のJS-2 1944/45年型。砲塔側面の前部に国籍標識、その後方には戦術ナンバーの“414”が描かれている。
写真30：1945年4月、ホーヘンツォレルン水路の急造架橋を渡るポーランド軍第4独立重戦車連隊のJS-2 1944/45年型。砲塔側面の国籍標識と戦術ナンバーの“424”が確認できる。破損した最後部の転輪などから戦闘の激しさが伝わってくる。

31

32

33

写真31-32：1950年代のポーランド軍JS-2 1945年型。車体は、戦後のポーランド軍基本色ポーリッシュ・カーキの単色塗装で、砲塔側面には国籍標識"白い鷲"と戦術ナンバー"024"が白色で描かれている。
写真33：1950年代、ワルシャワでの軍事パレードで行進するポーランド軍のJS-2 1944年型。車体は、ポーリッシュ・カーキの単色塗装。砲塔側面には白色で国籍標識と戦術ナンバー"223"が描かれている。
写真34：1950年代にポーランド国内で行われたパレードの1シーン。車列先頭のJS-2は1945年型で、ポーリッシュ・カーキの単色塗装。砲塔側面に国籍標識"白い鷲"と戦術ナンバー"741"を白色で描き、さらに砲身に大戦時の撃破記録を示す"X"マークを記している
写真35：1950年代、渡渉訓練を行うポーランド軍のJS-2 1944/45年型。

写真36-37：1950年代末～1960年代初頭頃のポーランド軍JS-2 1943/44年型。国籍標識とステンシル・タイプの戦術ナンバー“1196”を砲塔側面の前部に描いている。
写真38：1945年5月、解放されたプラハ市内を行進するチェコスロバキア軍のJS-2。第1独立チェコスロバキア戦車旅団所属の1944/45年型で、ソ連軍車両と同じ4BOオリーブグリーンの単色塗装。砲塔側面の前部にチェコスロバキア軍の国籍標識、その後方に戦術ナンバーを描いている。

【JSU-122】

写真39：1944年9月、跨乗歩兵を乗せ、ルーマニアのトランシルヴァニア地方を進撃する第３ウクライナ戦線麾下のJSU-122初期型とJS-2。

写真40：1945年春、湿地帯を進む第１ウクライナ戦線麾下のJSU-122。先頭のJSU-122は初期型。戦闘室側面に白色で戦術ナンバーが描かれているが、写真では判読不能。塗装は、標準的な4БОオリーブグリーンの単色塗装。

写真41：第5親衛機甲軍に所属するJSU-122後期型。塗装がかなり特徴的で、基本色4BOオリーブグリーンに6Kダークブラウンと7Kライトブラウン / サンドを塗布した３色迷彩の上にさらに白色塗料で変わったパターンの冬季迷彩が施されている。1945年１月のポーランド。
写真42：戦闘室側面を木の枝で覆い、入念なカムフラージュを施したJSU-122初期型。撮影時期は、おそらく1945年春頃と思われる。
写真43：1945年４～５月のチェコスロバキアにおけるJSU-122とその乗員たち。JSU-122の戦闘室側面には白色で“617”戦術ナンバーが描かれている。それにしても戦闘室や機関室上面の荷物の多さには驚くばかり。
写真44：1945年４月、ドイツのバウツェン地区で撃破されたポーランド軍第25自走砲連隊のJSU-122。砲塔側面の上部に国籍標識の“白い鷲”、その下に白色で戦術ナンバー“718”が描かれている。

写真45：1945年4月、ケーニヒスベルクで撮影された第338重自走砲連隊のJSU-122後期型。この車両は、いくつかの資料では、JSU-152と解説されているが、砲身の直径から推測すると、JSU-122と思われる。戦闘室前面の左側に戦術マーキング、戦闘室側面の前部には“65”の戦術ナンバーが描かれている。さらに戦闘室の側面には“Osvobozdionnaya Kirovskaya”（Liberated Kirovskaya：キロヴォスカヤを解放した）という愛国的なスローガンが見えるが、これも資料によっては“Osvobozdionniy Kirovograd”（キロヴォグラードを解放した）との解説もある。

写真46：1945年3月、東プロシアでのJSU-122後期型。4BOオリーブグリーンの基本色の上に白色塗料を部分的に刷毛塗りした冬季迷彩が施されている。戦闘室側面には“b-11”という戦術コードらしきものも確認できる。

写真47：1945年4月、ドイツで活動中の第1親衛機甲軍のJSU-122。戦闘室上面の右側ハッチにはDShK重機関銃を装備。戦闘室側面前部には戦術マーキングが描かれている。

48

49

50

写真48：1945年4月、ベルリン郊外で待機中のJSU-122後期型。最前のJSU-122は戦闘室上面の右側ハッチにDShK重機関銃を装備。
写真49：1945年4月24日、ベルリンのシュプレー川を渡河するために待機する第1ウクライナ戦線麾下重自走砲連隊の車列。JSU-122は車体前部が角張った溶接構造のUZTM製車体で、DShK重機関銃を装備。

【JSU-122S】

写真50：1944年秋のハンガリー。第3ウクライナ戦線麾下重自走砲連隊のJSU-122S。この部隊は“1”で始まる3桁の戦術ナンバーを用いており、手前の車両の戦闘室前面には白色で描かれた“104”のナンバーが確認できる。
写真51：1945年4月、東プロシアのピラウ。第3白ロシア戦線麾下の部隊に所属するJSU-122S。戦闘室側面に戦術ナンバーの“16”が大きく描かれている。
写真52：架設された架橋を渡る第1親衛機甲軍第11親衛機甲軍団に所属する部隊のJSU-122S。戦闘室側面には戦術マーキングと“245”の戦術ナンバーが描かれている。1945年4月、ドイツ国内にて。
写真53：1945年4月、ドイツ国内の水路を渡る第1ウクライナ戦線第3親衛機甲軍麾下の部隊に所属するJSU-122S。戦闘室側面には戦術ナンバーらしきものが描かれているようだが、判読不能。

写真54：1945年5月のチェコスロバキア。このJSU-122Sは車体前面が角張ったUZTM製車体で、戦闘室上面の右側ハッチにDShK重機関銃を装備。戦闘室左側には“My Ruskiye, my pobiedili”（We are Russians, We won：我々はロシア人、我々は勝利した）、側面前部には“Slava sovieckoy artileri”（Glory for soviet artillery：ソ連砲兵としての栄誉）を表したキリル文字が描かれている。

【JSU-152】

写真55：所属部隊不明のJSU-152。塗装は4BOオリーブグリーンの単色塗装。木の枝を使ったカムフラージュは、こうした場所ではかなり効果的であることが分かる。1944年夏。

写真56：おそらく第4親衛機甲軍麾下の部隊所属と思われるJSU-152。戦闘室側面には白色の戦術ナンバーが描かれているが、跨乗歩兵により判読不能（末尾は“2”）。1944年夏、ウクライナ西部。

写真57：1944年6月、ピエトロフカ近郊でフィンランド軍によって鹵獲されたJSU-152。車体前部上面の防盾直下に2発被弾した跡が見える。この車両は、この後修理のために前線から後方のヴァルカウスの整備場に搬送され、戦車回収車JSU-152Vに改装されている。

写真58：1944年夏、フィンランド軍との戦闘で被弾し、炎上・誘爆したJSU-152。戦闘室内部や装甲厚などが分かる貴重な1枚。

写真59-60：JSU-152の珍しい塗装例の一つ。1944年7月、ルヴォフ地区で撮影された第4機甲軍第374親衛重自走砲連隊のJSU-152初期型で、基本色4BOオリーブグリーンの上に迷彩色の6Kダークブラウン、7Kライトブラウン／サンド、6RPブラックを塗布した４色迷彩が施されている。 戦闘室側面には白色で戦術ナンバーとその下に戦術マーキングを描いている。

写真61：1945年1月、ポーランド南部のチェンストホヴァでの1シーン。JSU-152後期型は、第1ウクライナ戦線麾下の第384親衛重自走砲連隊の車両。4BOオリーブグリーンの上に白色塗料を塗布した冬季迷彩が施されており、戦闘室側面の前部にはキリル文字で"Moskva"（Moscow：モスクワ）のネームが描かれている。自走砲乗員とブリーフィングを行う将校（向かって左から2番目、白い地図？を持つ人物）は、同連隊長のI. マリュティン中佐。

写真62：同じく1945年1月、チェンストホヴァで行動中のJSU-152後期型で、第3親衛機甲軍麾下の自走砲連隊所属と思われる。4BOオリーブグリーンの上に刷毛で白色塗料をランダムに塗りたくった冬季迷彩が施されている。

写真63：1945年4月、ブレスラウ市街地で戦闘を行うJSU-152とT-34。

写真64：1945年3～4月、ブレスラウの市街地を進む第349親衛重自走砲連隊のJSU-152。
写真65：1945年4月の東プロシア。対岸に砲を向ける第3白ロシア戦線麾下第43軍第345親衛重自走砲連隊のJSU-152後期型。戦闘室側面には白色で戦術ナンバー（"12"?）が描かれている。跨乗歩兵の小火器にも注目、メタルブルーが色落ちし、全面シルバーに見えるPPS43短機関銃や鹵獲品のワルサー P38などを手にしている。
写真66：戦闘後に無惨な姿を晒すJSU-152。

写真67:1945年4月、激しい戦闘で廃墟と化したケーニヒスベルクの市街地で待機するJSU-152後期型。第3白ロシア戦線麾下の第50軍第395親衛重自走砲連隊の所属車両。
写真68:1945年4～5月のベルリン市街地。JSU-152後期型は、戦闘室上面の右側ハッチにDShK重機関銃を装備、戦闘室側面には"646"の戦術ナンバーを描いている。車両のダメージ跡や周囲の瓦礫から戦闘の激しさが分かる。
写真69:1945年5月、ベルリン戦終結時の様子。JSU-152後期型の横を歩行するドイツ兵の捕虜たち。

写真70：JSU-152の戦闘室上面の右側ハッチに装備されたDShK重機関銃を構える乗員。DShKの機関部や照尺、弾薬箱などのディテールがよく分かる。

写真71：1945年4月、渡河機材に積まれ、オーデル川を渡るポーランド軍のJSU-152。第1ポーランド軍第13自走砲連隊の所属車両で、塗装はソ連軍車両と同じ4BOオリーブグリーンの単色塗装。戦闘室側面の"341"の戦術ナンバーが確認できる。

写真72：1950年代、チェコスロバキア国内でパレードを行う、チェコスロバキア軍のJSU-152後期型（同軍制式名TSD-152）。塗装は、4BOオリーブグリーンよりグリーンが強いチェコスロバキア軍制式色で塗られており、各車、戦闘室全面左側の上部に5桁の戦術ナンバーを記している。

数多くの車両の塗装とマーキングを解説

ミリタリー カラーリング&マーキング コレクション

WWⅡドイツ装甲部隊のエース車両

■定価：本体 2,300円（税別）
■A4判 80ページ

ドイツ装甲部隊のエースたちが搭乗した数多くの車両＝戦車、突撃砲、駆逐戦車、対戦車自走砲をカラーイラストで解説。ミヒャエル・ヴィットマン、オットー・カリウス、クルト・クニスペル、アルベルト・エルンスト、エルンスト・バルクマンなどの有名なエースたちの車両はもちろんのこと、砲身にキルマークを記した搭乗者名不明の車両も多数網羅！

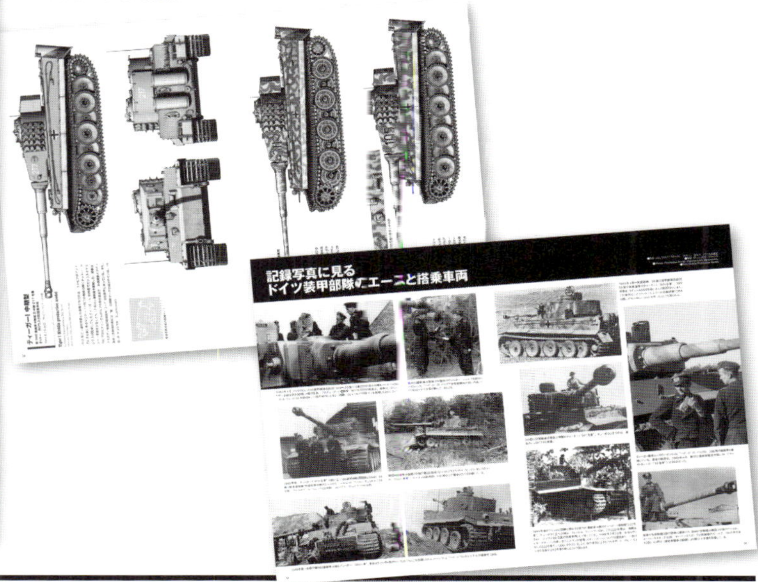

T-34

■定価：本体 2,300円（税別）
■A4判 80ページ

Military Coloring&Marking Collection
Soviet Medium Tank T-34
ミリタリー カラーリング&マーキング コレクション
T-34
作画：グルツェゴルツ・ヤコウスキ、マリウス・フィリピュク、セルゲイ・アニシモフ
解説：プシェミスワフ・スクルスキ
新紀元社

T-34-85

■定価：本体 2,700円（税別）
■A4判 96ページ

Military Coloring&Marking Collection
Soviet Medium Tank T-34-85
ミリタリー カラーリング&マーキング コレクション
T-34-85
作画：グルツェゴルツ・ヤコウスキ、マリウス・フィリピュク
解説：プシェミスワフ・スクルスキ
新紀元社

第二次大戦の傑作戦車T-34とT-34-85の塗装とマーキングを徹底解説します。ソ連軍を始め、T-34及びT-34-85を主力戦車として運用したポーランド軍、チェコスロバキア軍、ユーゴスラビア軍、さらにその優れた性能から捕獲後に自軍装備として使用したドイツ軍、フィンランド軍、イタリア軍、ハンガリー軍などの車両も収録。

■定価：本体　2,300 ～ 2,700円（税別）
■A4判　96ページ

記録写真に残る各戦車を徹底的に図解!

ミリタリー ディテール イラストレーション

戦時中の記録写真に写った戦車各車両を多数のイラストを用いて詳しく解説。1/35（または1/30）スケールのカラー塗装＆マーキング・イラストと車体各部のディテールイラストにより個々の車両の塗装とマーキングはもちろんのこと、その車両の細部仕様や改修箇所、追加装備類、パーツ破損やダメージの状態などが一目瞭然！　戦車の図解資料としてのみならず、各模型メーカーから多数発売されている戦車模型のディテール工作や塗装作業のガイドブックとして活用できます。

ティーガーI 初期型

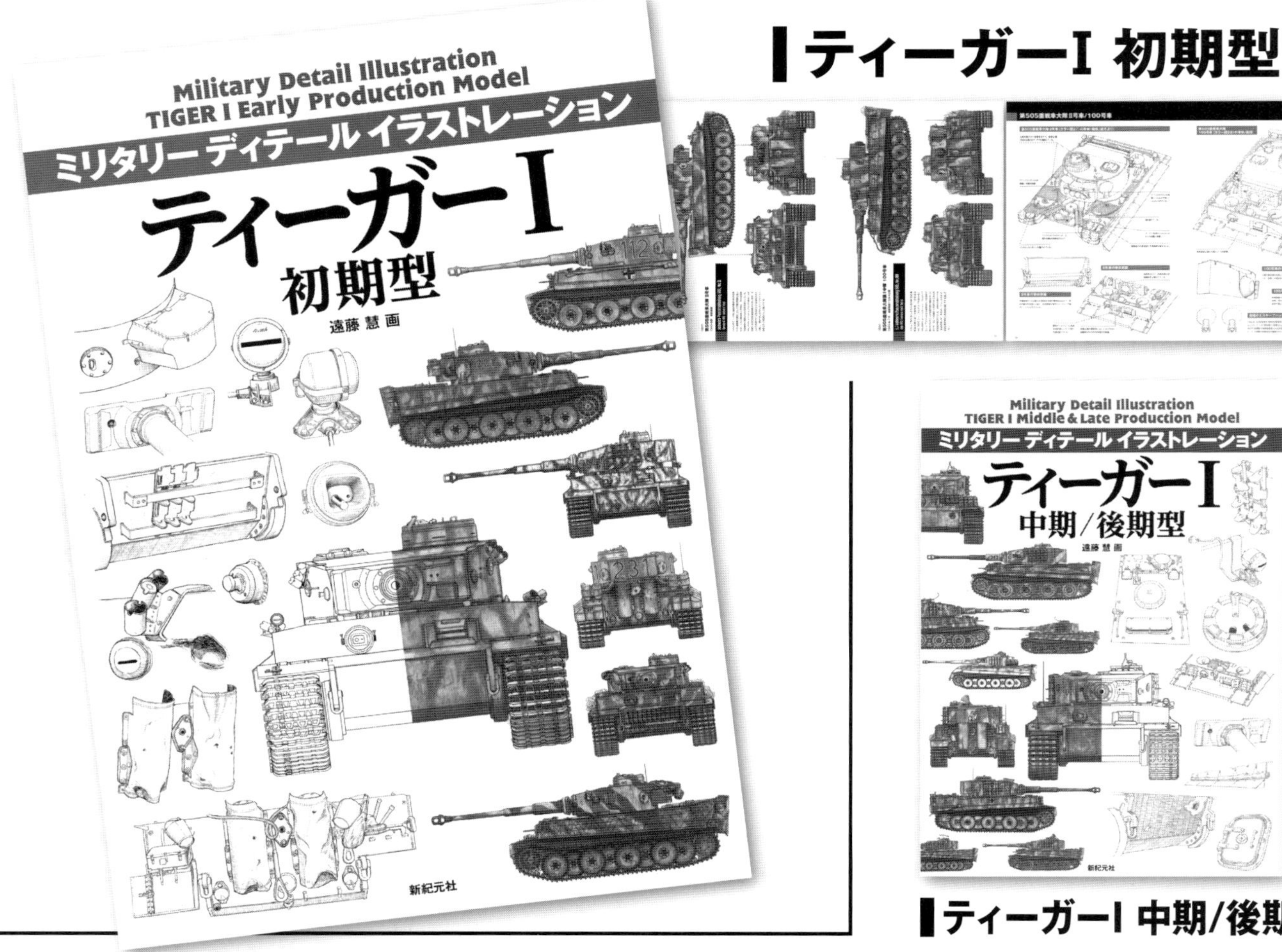

ティーガーI 中期/後期型

パンター

IV号戦車 G~J型

III号突撃砲 F~G型

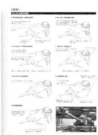

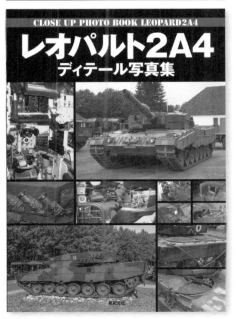

Publisher
宮田一登志　Hitoshi Miyata

Editor
塩飽昌嗣　Masatsugu Shiwaku

Writer
プシェミスワフ・スクルスキ　Przemyslaw Skulski

Illustrator
グルツェゴルツ・ヤコウスキ　Grzegorz Jackowski

Photo offer
プシェミスワフ・スクルスキ　Przemyslaw Skulski
ツビグニュ・ララック　Zbigniew Lalak
セントラル・ステイト・ピクチャー、ウクライナ映像媒体公文書館（キエフ）
Central State Picture, Movie and Media Archive of Ukraine, Kiev

Designers
今西スグル　Suguru Imanishi〔REPUBLIC.〕
実光政直　Masanao Jitsumitsu〔REPUBLIC.〕

ミリタリー カラーリング&マーキング コレクション
JSスターリン重戦車
Military Coloring & Marking Collection
JS Stalin Heavy Tank

2015 年 12 月 7 日　初版発行
発行者　宮田一登志
発行所　株式会社 新紀元社
〒101-0054 東京都千代田区神田錦町 1-7 錦町一丁目ビル 2F
Tel 03-3219-0921　FAX 03-3219-0922
smf@shinkigensha.co.jp
http://www.shinkigensha.co.jp/
郵便振替　00110-4-27618
印刷・製本　株式会社リーブルテック

ISBN978-4-7753-1383-1
定価はカバーに表記してあります。

Illustration : Grzegorz Jackowski